太田垣 沙也子［著］

本書内容に関するお問い合わせについて

このたびは翔泳社の書籍をお買い上げ頂き、誠にありがとうございます。

弊社では、読者の皆様からのお問い合わせに適切に対応させて頂くため、以下のガイドラインへのご協力をお願いいたしております。

下記項目をお読み頂き、手順に従ってお問い合わせください。

ご質問される前に

弊社Webサイトの「正誤表」をご参照ください。これまでに判明した正誤や追加情報を掲載しています。

正誤表　https://www.shoeisha.co.jp/book/errata/

ご質問方法

弊社Webサイトの「刊行物Q&A」をご利用ください。

刊行物Q&A　https://www.shoeisha.co.jp/book/qa/

インターネットをご利用でない場合は、FAXまたは郵便にて、下記翔泳社愛読者サービスセンターまでお問い合わせください。電話でのご質問は、お受けしておりません。

回答について

回答は、ご質問頂いた手段によってご返事申し上げます。ご質問の内容によっては、回答に数日ないしはそれ以上の期間を要する場合があります。

ご質問に際してのご注意

回本書の対象を越えるもの、記述箇所を特定されないもの、また読者固有の環境に起因するご質問等にはお答えできませんので、あらかじめご了承ください。

郵便物送付先およびFAX番号

送付先住所　〒160-0006　東京都新宿区舟町5

FAX番号　03-5362-3818

宛先　㈱翔泳社 愛読者サービスセンター

※本書に記載されたURL等は予告なく変更される場合があります。

※本書の出版にあたっては正確な記述につとめましたが、著者や出版社などのいずれも、本書の内容に対して何らかの保証をするものではなく、内容やサンプルに基づくいかなる運用結果に関してもいっさいの責任を負いません。

※本書に掲載されているサンプルプログラムやスクリプト、および実行結果を記した画面イメージなどは、特定の設定に基づいた環境にて再現される一例です。

※本書の内容は、2022年5月執筆時点のものです。

まえがき

ゲームUIにかかわるすべての皆さま、こんにちは！
本書を手に取っていただき、誠にありがとうございます。

突然ですが、「ゲームUIデザインの本」って、少ないと思いませんか？
企画の作り方・絵の描き方・3DCGの教本・プログラムの技術書……こういったゲーム関連書籍の中で、UIに焦点をあてたものはあまり見かけません。いったいなぜでしょうか。

筆者はふたつ理由があると考えています。
ひとつは、ゲームのジャンル・ターゲットによって開発内容が大きく異なるため。
そしてもうひとつは、業界において標準となるツールが定まっておらず、**ワークフローが体系化されていない**ため、というものです。

前者はともかく、後者についてはどうにかならないものか……そんな思いを抱えていた時、ボーンデジタルおよび文京学院大学 コンテンツ多言語知財化センター主催の『CGWORLD 2019 クリエイティブカンファレンス』にて登壇の機会をいただきました。

よい機会でしたので、それまでの経験を活かした「ゲームUI開発におけるトライ＆エラー」についての講演を行ったところ、非常に反響が大きく、後日公開したスライド資料についても想像をはるかに超える数のアクセスがありました。

URL https://cgworld.jp/feature/202002-cgwcc-uiux.html

本書は、この時に使用した資料をベースに大きく加筆・修正を加え、筆者が過去に参画したプロジェクトでの経験にもとづき**「ゲームUIデザインのワークフロー」**を体系的にまとめた一冊となっています。

最前線で活躍するさまざまなセクションメンバーの意見を反映しており、初心者の方にも実践していただきやすいように、サンプルとなる項目を充実させるよう心がけました。

また、ゲームUIに関連する他セクションのメンバーとのコミュニケーションや、会社員デザイナーとしてスキルアップしていくための、ちょっとしたビジネステクニックについても触れています。

本書が皆さまのUIデザイン、そして日々の仕事において、少しでもお役に立てることを願っております。**楽しいゲームUI開発の世界へ、一緒に旅立ちましょう！**

2022年 5月 吉日
太田垣 沙也子

ゲームUI開発ワークフロー

コンセプト策定

プロジェクトストーリー
トーン&マナー
UIレギュレーション

プロトタイピング

ゲーム全体のフロー
企画要件の把握
要素の決定

ビジュアルデザイン

ラフデザイン
本デザイン
動作と演出

実装

データレギュレーション
実装データ作成
挙動チェック

ブラッシュアップ＋α

全体調整
プラットフォーム対応
多言語対応　など

対象読者

本書の対象読者として、以下のような方々を想定しています。

- **新人UIデザイナー**
- **リードUIデザイナー**
- **ゲームUIにかかわる企画メンバー**
- **ゲームUIにかかわるエンジニアメンバー**

特に会社員としてゲーム開発に従事している方を想定していますが、UIデザイナーを目指す学生さんや、インディーズゲームを開発している方にも役に立つかと思います。

ゲームのUIデザインはプロジェクト方針によりその性質が大きく異なります。体系的な学習を阻害しないよう、個別具体的な内容については割愛していますので、皆さまの環境に合わせてカスタマイズしてご活用ください。

また、**「デザインの基礎」や「ツールの使い方」に関しては、本書では解説を行っていません。**それらの分野では本書よりも優れた書籍が多数刊行されていますので、デザイン全般についてまったくの初学者という方は、巻末の「参考文献」なども合わせて参照のうえ、学習を進めていただければ幸いです。

○ 本書に登場するキャラクター

本書では、対象読者の皆さまが直感的に内容を理解できるよう、職種に応じたキャラクターのイラストを使用しています。適宜、ご自身や周囲のメンバーに置き換えてお読みください。

- **UIリーダー**
- **UIメンバー**
- **企画メンバー**
- **エンジニアメンバー**
- **エラい人（プロジェクト管理者クラス）**
- **とてもエラい人（会社役員クラス）**

UIリーダー

UIメンバー

企画メンバー

エンジニアメンバー

エラい人

とてもエラい人

本書の楽しみ方

本書は以下のような構成になっています。

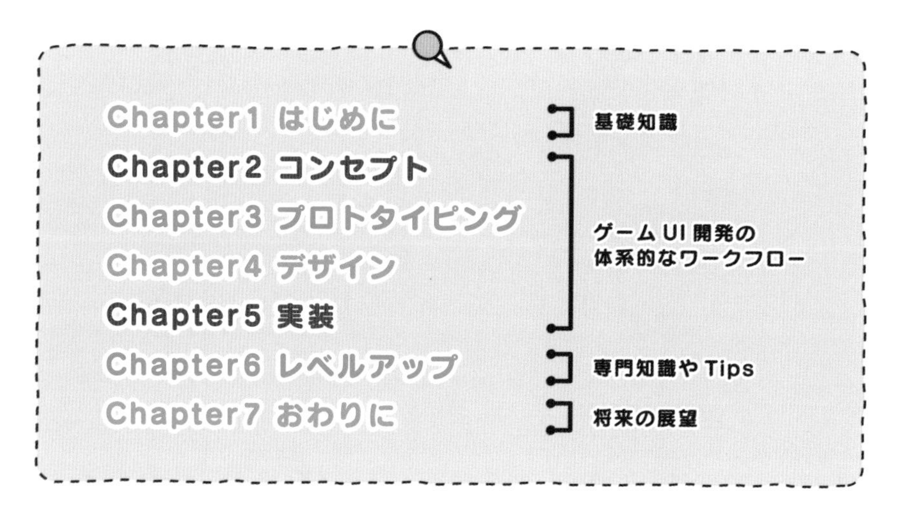

Chapter1ではゲームUIデザイナーの基礎知識について触れ、Chapter2〜5にかけてゲームUIの開発ワークフローを体系的に学べるよう章立てています。Chapter6ではさらに専門的な分野や、仕事としてゲームUIデザインに取り組む際のTipsについてご紹介し、Chapter7でゲームUIデザインという仕事の先の展望について触れています。

基本的には流れに沿ってお読みいただければと思いますが、パラパラとめくって興味のあるページからご覧いただいても大丈夫です。章・節・項ごとにふんだんに画像を使い、途中から眺めても直感的に理解しやすい構成を心がけています。

また、UIのサンプル画像については既存のゲームタイトルのスクリーンショットではなく、本書向けにオリジナルデザインしたものを掲載していますが、解説内容をわかりやすくお伝えするため、一部のサンプルは既存ゲームタイトルの要素を参考に作成しています。巻末の「参考資料」に参考タイトル一覧を記載しています。

各節のタイトル部分には、その項目で特に関連のあるセクションについてアイコンをハイライトしています。

- **リーダー　：UIデザインリーダー向けの内容**
- **メンバー　：UIデザインメンバー向けの内容**
- **企画　　　：企画メンバー向けの内容**
- **エンジニア：エンジニアメンバー向けの内容**

セクションごとの役割については、皆さまが所属する組織やプロジェクトごとに異なるかと思いますので、参考程度にご参照ください。

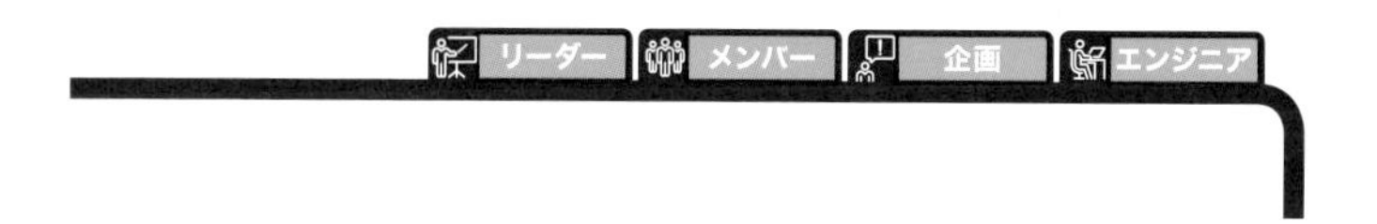

各項におけるチェックポイントや留意点は、以下のアイコンでお知らせしています。

そのほか、筆者のこぼれ話としてお楽しみいただきたいコラムも掲載しています。
以下の見出しが目印です。

CONTENTS 目次

Chapter 3

プロトタイピング

Chapter 4

デザイン

Chapter 5

実装

Chapter 6

レベルアップ

Chapter 7

おわりに

会員特典データのご案内

会員特典データは、以下のサイトからダウンロードして入手頂けます。

会員特典データのダウンロードサイト

URL https://www.shoeisha.co.jp/book/present/9784798171821

■注意

会員特典データをダウンロードするには、SHOEISHA iD（翔泳社が運営する無料の会員制度）への会員登録が必要です。詳しくは、Webサイトをご覧ください。

会員特典データに関する権利は著者および株式会社翔泳社が所有しています。許可なく配布したり、Webサイトに転載したりすることはできません。会員特典データの提供は予告なく終了することがあります。あらかじめご了承ください。

■免責事項

会員特典データの記載内容は、2022年5月現在の法令等に基づいています。

会員特典データに記載されたURL等は予告なく変更される場合があります。

会員特典データの提供にあたっては正確な記述につとめましたが、著者や出版社などのいずれも、その内容に対して何らかの保証をするものではなく、内容やサンプルに基づくいかなる運用結果に関してもいっさいの責任を負いません。

会員特典データに記載されている会社名、製品名はそれぞれ各社の商標および登録商標です。

■著作権等について

付属データの著作権は、著者および株式会社翔泳社が所有しています。個人で使用する以外に利用することはできません。許可なくネットワークを通じて配布を行うこともできません。個人的に使用する場合は、ソースコードの改変や流用は自由です。商用利用に関しては、株式会社翔泳社へご一報ください。

2022年5月
株式会社翔泳社　編集部

Chapter 1

はじめに

ゲームUIデザイナーの役割は多岐にわたります。
まずはどんなタスクがあるのか、どんなトラブルが起きるのかを学んでいきましょう。
経験者の方は「あるあるネタ」として楽しんでくださいね。
知識の装備を整えて、楽しいゲームUIデザインの冒険へ旅立ちましょう！

リーダー　メンバー　企画　エンジニア

01 ゲームUIデザイナーの仕事

「ゲームUIデザイナー」と一口に言っても、その役割はさまざまです。

ゲームの設計から実装まで一貫して担当することもあれば、バナーやアイコンといったグラフィックのデザインが中心になるケースもあり、プロジェクト方針や所属する会社によって業務範囲に大きく差があります。

本書では、**ゲームのUIデザインにおける上流工程から下流工程まで**をまんべんなく解説していきます。

初学者の方にはピンとこない部分もあるかもしれませんが、将来、UIのリーダーを担当することになる可能性もあるでしょう。ぜひ今から「こういう役割もあるのか」という心構えづくりに役立てていただければと思います。

また、UIデザイナーの業務は企画やエンジニアのタスクとも密接にかかわります。どのセクションがどこまでの範囲を担当するのか、都度相談しながら進めていくことになります。

担当範囲

ゲームUIデザイナーの主な担当範囲は以下の3点です。

- **ユーザー体験やコンセプト、ゲームフローなどの「設計」**
- **画面やパーツ、グラフィックなどの「ビジュアルデザイン」**
- **操作面やインタラクション部分などの「実装」**

「UI」は**ユーザー**インターフェースという名称の通り常にプレイヤーに寄り添い、快適なプレイ体験とゲーム世界への没入をアシストする役目があります。そのためには、表面上のビジュアルデザインが優れているだけでなく、そもそもの体験デザインや、操作に応じた心地よいインタラクションが必要不可欠です。

「なーんだ、3つだけか」と思われた方もいるかもしれませんが、細かく分類していくと非常に多岐にわたります。次ページの図をご覧ください。

……いかがでしょうか？　これでもまだほんの一例で、基本的に**2Dグラフィック関連の雑務は何でも舞い込んでくる**のが実情です。

ようやく最近になって「UIデザイナー」「UIアーティスト」「UXデザイナー」など、専門分野に特化して細分化されるケースが増えてきましたが、まだまだ一括りの職種として扱われている現場も多いようです。

ゲームのUIデザイナーを目指している方、もしくはある日突然上司に「キミ、今日からUI担当ね！」と抜擢された方は、自身がどこまでの範囲を担当するのかを意識しながら業務にあたることをオススメします。

ゲーム開発へのかかわり方

一昔前まで、UIデザイナーはゲーム開発の中盤〜終盤にアサイン（プロジェクトに割り当てられること）され、すでにある程度組み上げられたゲームシステムに対して、ビジュアルデザインのみを差し替えていくようなかかわり方が主流でした。

Photoshopを扱える2Dグラフィッカーが「ちょっとお願い！」とタスクを差し込まれ、片手間にUIを作っていたような時代もありました。

しかし、昨今のゲームはより上質なプレイ体験が求められるようになり、開発コストも膨大になるケースが多いです。

ワンポイントリリーフ的な立ち位置のままでは、目の肥えたお客様に満足していただくUIの開発は難しく、トライ＆エラーにかかる手間も大きくなってしまいます。

そこで、UIデザイナーは「グラフィッカーに毛が生えた存在」に留まらず、ゲーム開発の上流工程から**UX**（ユーザーエクスペリエンス＝ユーザー体験のこと）**の設計**や、**プロダクトのコンセプト策定**にしっかりとかかわっていくことが重要です。

とはいえ、上流工程では分業しにくい業務も多いです。

プロジェクトの規模にもよりますが、まずはディレクションに注力する**UIリーダー**と、実際に作業を進める**UIメンバー**の２名体制で構築しておくと、アサインや意思決定にかかるコストを抑えつつ、効率よく開発を進めることができます。

メンバーを増やすのは、ある程度開発ボリュームが見えてきた頃合いがちょうどよいでしょう。

ワークフローの重要性

すでにゲームUI開発にかかわっている皆さまは、次のような悩みに直面したことはありませんか？

これらはUI開発の現場において非常に「あるある」なケースで、多くのUIデザイナーが知恵とテクニック、さらには人海戦術で乗り切っている現実があります。

ですが、そもそも業界的にUIデザイナーは貴重な存在であり、何とか人をかき集めたとしても分業しにくいタスクがほとんどです。

そこで、重要になってくるのが本書のメインテーマである**「ワークフロー」**です。UIデザインの業務を体系化することで、上記のような問題を未然に防ぎながら、次々と生まれる新しい課題にも、楽しく向き合えるようになります。

ゲーム開発は本来、とても楽しくクリエイティブなものです。
UIは特に外的要因に左右されやすく、かつ開発者もユーザーの一部であるため、忌憚のない意見を突き付けられる機会も多いでしょう。それは「よいモノづくり」のためには必要なことであり、健全なチームである証拠でもあります。
もし読者の皆さまがかかわっているプロジェクトにおいてUIデザインがうまくいっていない時は、自身やメンバーのスキルを疑うのではなく「ワークフロー」を見直してみてください。

COLUMN

ゲームのUIデザイナーに向いている人

よく「どんな人がゲームUIデザイナーに向いていますか？」という質問をいただきます。基本的にはゲームとユーザーに対する熱意があればどなたでも目指せる職種だと思っていますが、筆者の周囲のUIデザイナーは以下の傾向のある方が多いです。

- **バランス感覚を大事にしている**
- **細かい作業が得意**
- **特定の領域にこだわりが強い**
- **ITリテラシーが高い**
- **フレンドリー**
- **人を喜ばせたり、もてなすのが好き**
- **自分なりの哲学をもっている**

02 ゲームUIに必要な視点

そもそも、UIはゲームだけのものではありません。Webサイトやスマートフォンアプリ、チケットの券売機・ATM・カーナビなど……世の中のあらゆるところに「インターフェース」は存在しています。

そういったサービス・製品に搭載されているUIと、ゲームのUIでは、いったい何が異なるのでしょうか。

筆者は、**ゲームはエンターテインメント**であるということこそが最大のポイントだと考えています。

例えば、Webサイトであれば「情報を読んでほしい」「商品を買ってほしい」、カーナビであれば「最適なルートで目的地に導く」といった明確な目的があります。

一方、ゲームはエンターテインメント、つまり「娯楽」の一種であり「プレイすること」そのものがユーザーの目的となっているケースが多いです。

ゲームのUIは、段階的な学習を促すことで課題をクリアする快感を味わってもらったり、作品のもつ世界観に浸ってもらうなどの役割があるのです。

そのためには、機能性やコンバージョンの追求だけでなく、ユーザーの感情を揺さぶるような仕掛けが必要です。

ワクワク・ウキウキといったポジティブな感情はもちろんのこと、ハラハラ・ドキドキといった適切なストレスを「あえて」与える。そうすることで、クリアした時の感動や達成感が何倍にも大きくなり、ユーザーのプレイ体験を最大化することができるのです。

これは、その他のサービスや製品のUI開発ではあまり意識されない視点です。ゲームのUIデザイナーは「使いやすさ」と「ユーザーの感情の動き」を常に意識し、**ロジックとクリエイティブの両面からデザインに取り組む**ように心がけてみてください。

一般的なサービス・製品のUI

▲ ショッピングサイトなら
商品が買いやすいように

▲ 券売機ならチケットを迷わず
購入できるように

▲ カーナビなら最適なルートで
目的地へ着けるように

ゲームのUI

▲ 珍しいアイテムをランダムで
入手した時の嬉しさ

▲ 強い敵に遭遇した時の
ワクワク・ドキドキと
次に取るべき行動の選択

Chapter 2

コンセプト

ゲームUIにおいて「コンセプト」は非常に重要です。
優れたゲームの裏側には、必ず優れたコンセプトがあります。
まずはプロジェクトの背景をしっかりと理解し、
ターゲットに合わせたトーン＆マナーを作っていきましょう。
レギュレーションとしてまとめておくことも忘れずに！

リーダー　メンバー　企画　エンジニア

01 プロジェクトストーリー

ゲーム全体のUIコンセプトを策定するにあたっては、プロジェクトそのものの計画と、そのゲームをプレイするお客様（ユーザー）について知ることが重要です。

たいていのプロジェクトには「プロデューサー」や「ディレクター」と呼ばれるポジションの人たちがいます。

彼らをつかまえてコミュニケーションを取り、**「このプロジェクトが何を目指しているのか？」**そして**「どんなお客様に、どんな体験を与えたいのか？」**を確認しておきましょう。

ビジョンとゴール

まず確認することは、プロジェクトのビジョンとゴールです。

- **ビジョンは「ざっくりした将来像」のこと**
- **ゴールは「ビジョンを具体化したもの」のこと**

例えば「世界中の人にプレイしてもらう！」というような抽象度の高い理想のイメージがビジョンです。

一方、達成できたかどうかを定量的に判断できる「リリースから1年以内に10カ国向けにリリースを行う」といった内容がゴールにあたります。

UIデザインは改善を繰り返していくケースが多いため、これらを常に意識しておくことで、目的をブレさせることなく適切に対応することができます。

そして、そのゴールをどのようなマイルストーン（中間目標）で達成していくか、というイメージをつかんでおくことも重要です。UIリーダーはそこから逆算してスケジュールを立てていくことになります。

ターゲットとニーズ

次にターゲットの確認をしましょう。「そのゲームをどんな人のために作るのか？」という点は非常に重要で、UIのコンセプトを大きく左右します。例えば以下のような項目を想定します。

- **男性？　女性？　両方？**
- **10代？　20代？　それとも50代？**
- **どんなゲームが好き？**
- **普段ゲームをプレイする時間や頻度はどのくらい？**
- **自由に使えるお金はどのくらい？**

こういった項目をもとに**ユーザーペルソナ**（架空のユーザー像）を作り、その人がどんな風に遊んでくれるのかをしっかりとイメージしてください。

そして、ターゲットの**ニーズ**（求めている体験や価値）を分析することも重要です。以下はその一例です。

- **スカッとした快感を得たい**
- **身の回りの人の役に立ちたい**
- **他人から感謝されたい**
- **自分の腕前を周囲に認められたい**

ゲームは娯楽の一種ですが、こういったニーズを疑似的なプレイ体験によって満たすことができるエンターテインメントです。本書はUXデザイン（ユーザー体験を設計すること）については深掘りしませんが、この体験設計部分をキチンと練り上げておくことで、より本質的な目的に向けたUIをデザインすることができます。

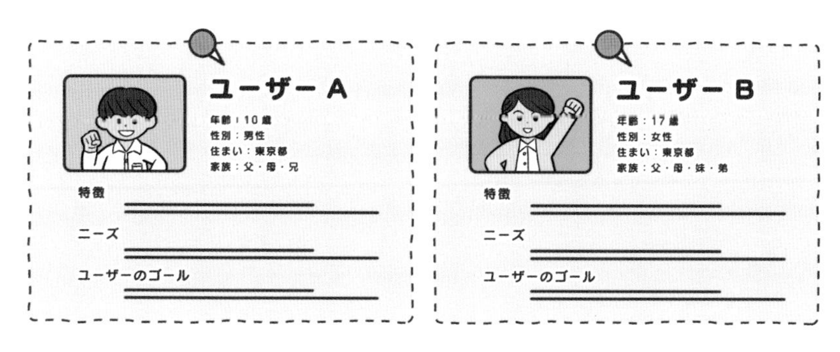

プロジェクト要件

続いて、UIの開発にも密接にかかわるプロジェクトの要件について確認しましょう。

- **リリースはいつ？**
- **マイルストーンごとの達成要件は？**
- **アップデートの想定頻度は？**
- **プラットフォームは？　スマートフォン？　コンシューマー？**
- **どこの国で、何カ国語でリリースする？**
- **解像度の最小～最大はどのくらい？**
- **色覚多様性対応は行う？**
- **フレームレートは何fps？**

UIはゲーム開発の上流工程～下流工程までまんべんなく影響範囲が広いセクションですので、事前にこういった確認事項を押さえておき、将来的な作業を想定できるようにしておきましょう。

また、リリース後に継続的な運営を行うタイトル（ソーシャルゲームなど）では、どのくらいの頻度で、どういったアップデートを予定しているのかを確認しておくことも大切です。初期開発だけでなく、リリース後のアップデートとして必要な開発ボリュームを見積もり、アサインメンバーの計画を立てておきましょう。

プロジェクトストーリーサンプル

ヒアリングしたここまでの情報を「プロジェクトストーリー」としてドキュメントにまとめておきましょう。UIデザインにおいて意思決定を行う際、重要な資料になります。

特にUIリーダーは、これらの内容についてメンバーと認識合わせをしておいてください。

UIはユーザーのために存在するものです。それが使われる光景・使う相手の姿をしっかりと想像し、そこにデザイナーのクリエイティビティやオリジナリティを掛け合わせることで、クオリティの高いUIをデザインすることができます。

「ゲームタイトル」

プラットフォーム：●●●
仕向地：●●
ターゲット：●歳～●歳・男女

本プロジェクトでは「スカッとした快感」を得たい「中学生・高校生の男女」向けの「チーム対戦型シューティング」ゲームを開発します。
最新技術の「●●サウンド」を使用し、従来のシューティングゲームよりも圧倒的な没入感を体験することができます。
●カ月ごとに新しいプレイアブルキャラクターを追加することでバトルに新しい要素を加え、シューティングが苦手なユーザーでも楽しくプレイできるサイクルを作ります。

プロジェクトストーリー資料はなるべく簡潔にまとめ、いつでも振り返れるように手元に置いておきましょう。

ボリュームとしてはA4スライド1枚程度で充分です。エレベーターピッチ（ごく短い時間で行うプレゼンのこと）として使えるくらいシンプルな内容に落とし込めると、セクション内でも共有しやすいためオススメです。

COLUMN

「UI」という言葉

UIは言わずもがな「ユーザーインターフェース」の略称ですが、筆者はこの「ユーアイ」という呼称をとても好ましく思っています。
言葉遊びのようですが、例えば「You & I」ととらえれば「あなたと私」ということでユーザーとUI（開発者）の関係性を表すことができますし、「友愛」ととらえれば倫理道徳のひとつとして人と人の間にある愛情や友情を表すこともできます。
もちろん単なる偶然とは思いますが、こういった愛着をもてるポイントを見つけて、自身の仕事をより誇らしく思えるというのは、何ともうれしいものです。

リーダー メンバー 企画 エンジニア

02 トーン&マナー

さて、ここからはUIのビジュアルデザインに踏み込んでいきます。

「**トーン&マナー**」、略して**トンマナ**という言葉を聞いたことがあるでしょうか？　広告業界などで使われる用語で、そのプロダクト「らしさ」を象徴するデザインの要素のことです。

既製のプロダクトを思い浮かべた時に、フワッと香るような「見た目の印象」があると思います。それがトンマナの正体です。これを序盤に固めておくことで、プロジェクト全体でのUIデザインの方向性がイメージできるようになり、作品のブランディングや他社タイトルとの差別化に役立ちます。

トンマナをプロジェクト内に浸透させ、他のセクションから尊重してもらえるようになると、その後のUI業務が非常に進めやすくなります。これもUIリーダーの重要な仕事です。生みの苦しみはありますが、楽しみながら設計していきましょう！

トンマナの作り方

前述のプロジェクトストーリーを達成することをイメージしながら、次の5つの項目を策定していきます。

- **コンセプトキーワード**
- **イメージソース収集**
- **カラー計画**
- **モチーフ**
- **UIサンプルイメージ**

ここでは**「トイポップ」「ナチュラルガーリー」「和サイバー」「ドラスティックホラー」**という架空のトンマナを実例にして、上記の5項目について解説していきます。

コンセプトキーワード

コンセプトキーワードとして、まずは**トンマナを一言で表す言葉**と、その**構成要素を端的に表すテキスト**を定義していきます。これは既存のデザインジャンルを組み合わせたり、オリジナルの造語を用いたりするケースが多いです。

ターゲットユーザーの属性を意識しながら、作品の世界観に沿った語句をピックアップし、**デザインの核**となるキーワードに仕立てていきます。

コンセプトキーワードのサンプル

トイポップ

「トイ」…おもちゃ、くだらないもの　「ポップ」…時流に乗った、はじける

- キッズ向けの大衆に親しまれるデザイン
- にぎやかな配色でワクワク感をもたせる、はじける、飛び出すようなアニメーション

ナチュラルガーリー

「ナチュラル」…天然、飾り気のない　「ガーリー」…少女らしい様子

- 自然派の女性に好まれるデザイン
- 素朴なかわいらしい配色でやさしい印象を与える、植物やレースなどの意匠

和サイバー

「和」…日本的、おだやかなこと　「サイバー」…コンピューター、ネットワーク

- 相反するイメージを組み合わせたキャッチーなデザイン
- 海外ターゲットも意識、和の意匠に未来的な印象を与える表現

ドラスティックホラー

「ドラスティック」…過激な、徹底的な　「ホラー」…恐怖、戦慄

- 既存のホラーゲームとは異なる、一風変わったデザイン
- ハイコントラストなカラーを用いる、意外性、裏切りを仕掛ける演出

▶イメージソース収集

続いて、**イメージソース収集**を行います。前項のキーワードに沿った画像を集め、OKサンプル/NGサンプルに振り分けていきます。デザイン着手前にイメージのブレを減らし、プロジェクトメンバーが**完成形をイメージできる**ような資料となるのが理想です。

意外かもしれませんが、ここで重要なのはNGサンプルのほうです。ひとつのキーワードから連想するイメージは人によって異なります。「こういうデザインを思いつきやすいけど、このプロジェクトでは違う」という事例をピックアップしておくことで、実際にデザインを進める際の**手戻りを抑える**ことができます。

イメージソースサンプル

トイポップ

にぎやかで、おもちゃ箱のようにオブジェクトがギュッと詰まったイメージ。丸みでやさしい印象も与えたい。ただし「ファンシー」や「キュート」には寄せないようにしたい。

ナチュラルガーリー

葉っぱや木目調などの自然物、レースやマスキングテープを使ってオシャレなイメージにしたい。ゲームというよりは雑誌を読んでいるような雰囲気を目指す。華美すぎる印象にならないよう気を付ける。

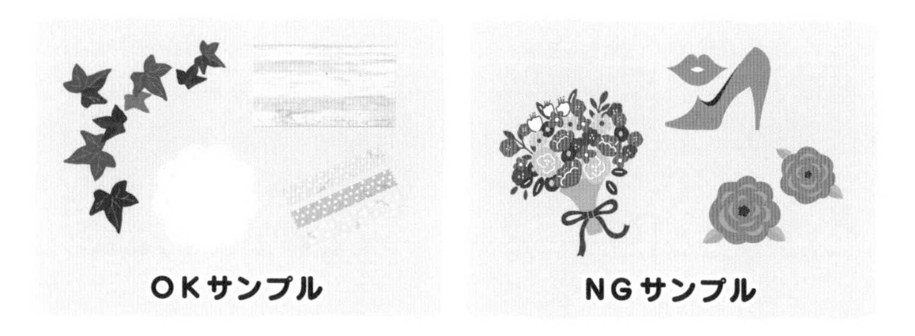

和サイバー

ゲームではやや珍しい縦書きレイアウトを採用したい。サイバー感は回路や高速ブラーなどで雰囲気を出していく。モダンな印象にしたいので、強すぎるカラーやポップな和モチーフは使用しない。

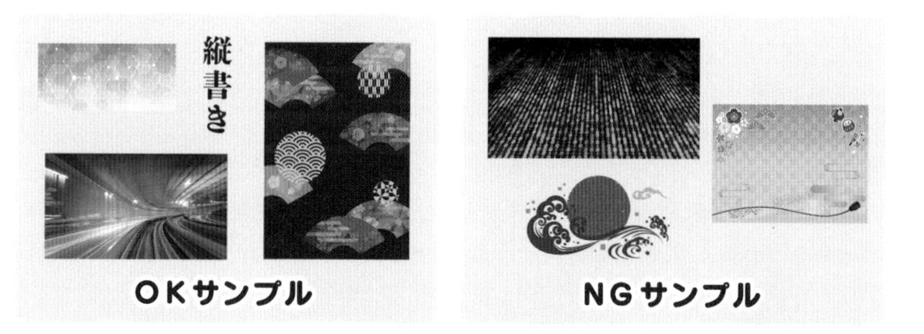

ドラスティックホラー

今までのホラーゲームとはひと味違う印象を与えたい。コミカルなテイストは避ける。血の表現についてはレーティング（プレイヤーの対象年齢のこと）が上がってしまう可能性があるため取り扱いに配慮する。

COLUMN

インスピレーションが湧かない！

長時間、パソコンとにらめっこしながらコンセプト策定やデザイン作業に集中していると、徐々に視野が狭まりインスピレーション（ひらめき）が妨げられてしまうことがあります。筆者の場合、そういう状態に陥った時は一度デスクから離れ、「インプット」モードに頭を切り替えるようにしています。

好みのお茶を淹れて、目の前の仕事に関係ないゲームをプレイしてみたり、雑誌やアニメを眺めたり、トレンドニュースに目を通したり……。

人間の脳は「インプット」と「アウトプット」を繰り返していますので、どちらかを突き詰めて思考停止に陥ってしまった場合は、意識的にそれらを切り替えるようにしてみてください。突破口が開けるかもしれません。

カラー計画

カラー計画ではUIで使用する色について設計していきます。ゲームジャンルによって増減しますが、おおむね次のような項目の色イメージを決めておくと開発がスムーズです。

色の種類	用途
ベースカラー	背景や下敷きなどのベースに使用する基本色。
キーカラー	デザインのアクセントに使用する差し色。
進行カラー	ユーザーがゲームを進行する際の指標にする色。この色を追いかけていけばゲームが進むように設計し、基本的にボタン類にはこの色を使用する。
重要カラー	取返しのつかない重要な決定を促す際、使用する色。主に「削除」や「売却」を伴う操作はこの色を使用する。
課金カラー	有償物に絡む項目や操作を促す際、使用する色。
ポジティブカラー	勝利など、ユーザーをポジティブな感情に誘導する際に使用する色。この色を見るとうれしい気持ちになるよう設計する。
ネガティブカラー	敗北など、ユーザーにネガティブな状況を通知する際に使用する色。
危険カラー	ゲームオーバーなどに直結する、ゲーム上の危険を通知する際に使用する色。
味方カラー	プレイヤーの味方や仲間を表す色。
敵カラー	プレイヤーの敵やライバルを表す色。
レアリティカラー	アイテムのレア度などを表す色。
キャラクターカラー	キャラクターの個性をアピールする必要がある作品では、キャラクターごとに固有の色を設けるケースがある。

また、色というものは企画からのリクエストなどでどんどん増えていきやすい傾向があります。あまりにも色が氾濫してしまうと、せっかくの特性が薄れ、画面全体がゴチャゴチャした印象になってしまいます。

序盤にしっかりとチームメンバーを交えて設計を行い、**不用意に色を増やしすぎない**よう、カラー計画を守っていきましょう。

カラー計画サンプル

トイポップ

原色をキーカラーとし、にぎやかな配色でワクワク感を出す。使用する色味が多いため、ベースカラーをモノトーンにすることでバランスを取る。進行カラーはやや落ちついたブルーグリーン系を用い、その他の配色との差別化を行う。

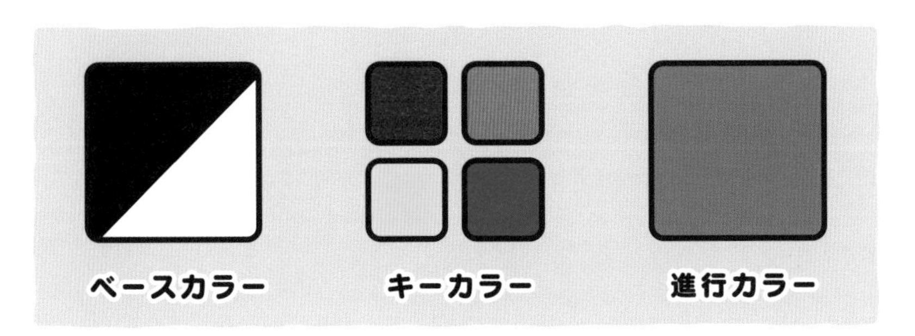

ナチュラルガーリー

素朴でかわいらしい印象を与えたいため、ベースカラー・キーカラーに自然物をイメージしたアースカラーを用いる。進行カラーにはピンク。その他のカラーについても極力強い色は使用せず、中間色メインでやさしい世界観を表現する。

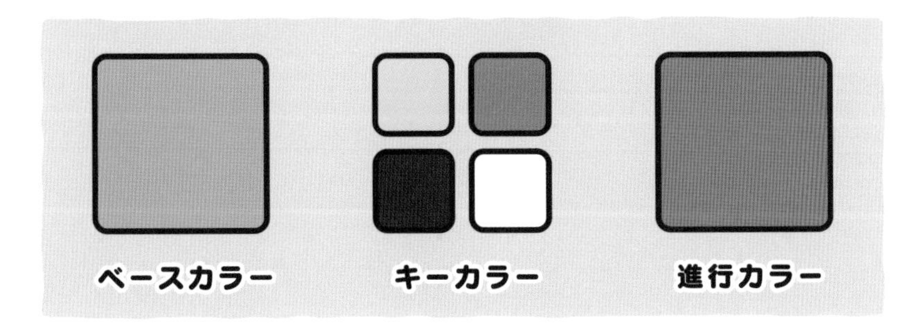

和サイバー

モダンな印象を与えるため、全体的に彩度を落としたカラーを使用する。ベースカラーと進行カラーは未来的なブルー・グレー系、キーカラーには和の伝統色を用い、それぞれをうまく融合させる。

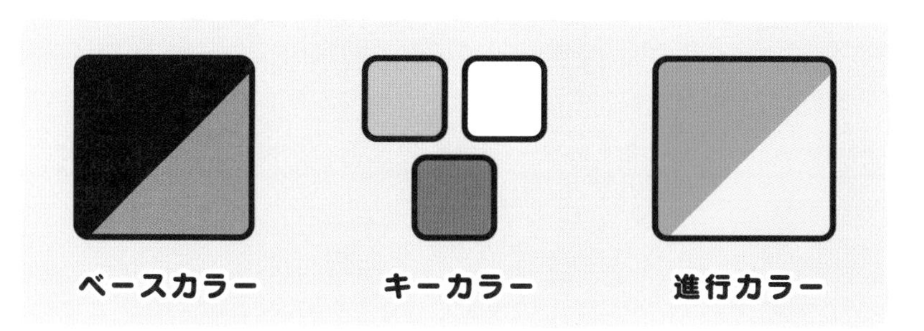

ドラスティックホラー

異なる色相・彩度のカラーを積極的に採用し、「狂った世界」感を演出する。ベースカラーにはレッド・グリーンの補色（色相環において対の関係になる色のこと）を使用し、キーカラーや進行カラーは彩度の高いピーキーなカラーを用いて注目を促す。

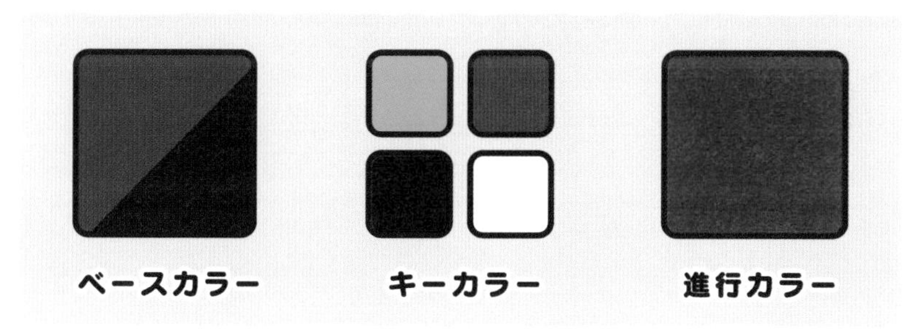

▶フォント

UIにおいて、**フォント（書体）**は非常に重要です。情報を繰り返し読ませたり、時には一瞬の判断を迫るようなシーンでも使用されますので、なるべく**可読性が高く**、**世界観を損なわない**ものを選ぶとよいでしょう。

フォントに関しては「Chapter 4 デザイン」でもくわしく解説します。トンマナ策定の段階では、そのゲームタイトルにおいて使用頻度の高い**メインフォント**の候補（見出しや本文など）をおおまかに決めておき、正式なデザインを進める際に**サブフォント**を含めて確定するのがオススメです。

フォントサンプル

トイポップ

ワクワク感を重視した遊びゴコロのあるフォントを採用する。キッズターゲット向けに、特にひらがなの可読性が高いことを重視する。難しい漢字には適宜ルビ（ふりがなのこと）を振る想定。

- **見出し　「G2サンセリフ-U」 ※-10%のシアー変形を行う**
- **本文　「G2サンセリフ-B」**
- **パラメータ　「G2サンセリフ-B」**

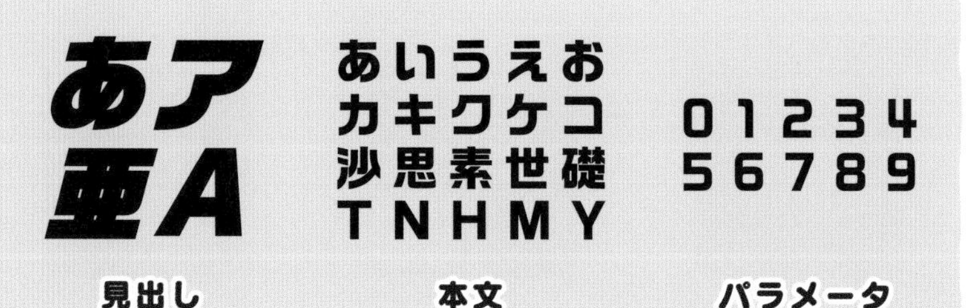

ナチュラルガーリー

カフェのメニューのように、見出しには手書き風のフォントを用いてオシャレ感とやわらかい印象を与える。本文まで手書き風にしてしまうと認知コスト（脳で情報を理解するために必要なエネルギーや時間のこと）の負荷が大きくなってしまう懸念があるため、相性のよい異なるフォントを使用する。

- **見出し**　「Marydale Bold」
- **本文**　「キアロ Std B」
- **パラメータ**　「キアロ Std B」

AB
abc
あいうえお
カキクケコ
沙思素世礎
TNHMY
01234
56789
見出し　本文　パラメータ

和サイバー

世界観のバランスを重視し、見出し・本文には和風フォント、パラメータなどの数字類にはサイバーなフォントを採用。両者がうまく調和するよう、デザイン時に色味や質感を検討予定。

- **見出し**　「秀英四号太かな」
- **本文**　「秀英四号太かな」
- **パラメータ**　「Armada Bold」

あア
亜A
あいうえお
カキクケコ
沙思素世礎
TNHMY
01234
56789
見出し　本文　パラメータ

ドラスティックホラー

見出しは可読性のギリギリを攻める字形のフォントを採用し「狂った世界」の恐怖感を煽れるよう演出する。本文は表情のあるゴシック体で、見出しとのコントラストを付ける。アニメーションで「たまに文字が消える・壊れる」といった表現を行いたい。

- **見出し**　**「Folk Rough OT Regular」**
- **本文**　**「ロゴナR」　※水平比率90%に調整**
- **パラメータ**　**「ロゴナR」　※水平比率80%に調整**

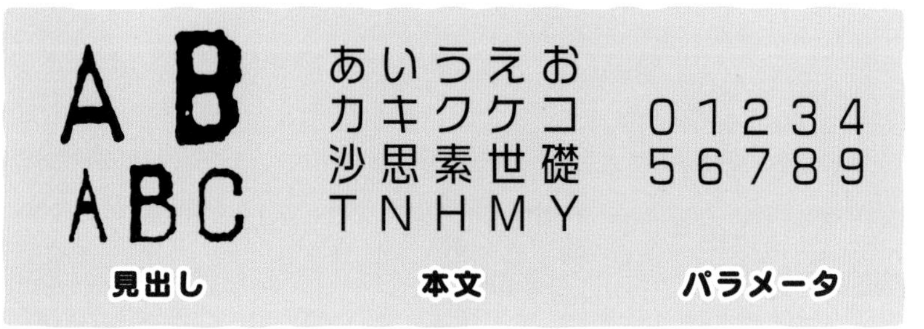

モチーフ

モチーフとして装飾などに使用する意匠をピックアップしていきます。UIをデザインする際は、**機能性だけでなくそのゲームの世界観を守ることも重要**です。アイコンのマークや背景の模様、UIのパーツなどに世界観に沿った意匠を取り入れることで、ユーザーがゲームプレイに没入する手助けとなります。

前述のイメージソースをよく観察すると、そのデザインジャンルで頻繁に使用されている意匠が見つかると思います。そういったものをヒントに、**世界観に沿った繰り返し使いやすいもの**を選定しておきましょう。

また、IPタイトル（アニメ・マンガ・特定のキャラクターなど、原作が存在するゲーム作品のこと）の場合はもとの作品に使用されている意匠をよく観察し、どのようにUIデザインへと落とし込むかを検討しましょう。

作品ごとの個性を出しやすい部分ですが、カラー計画と同様に、ここでも**モチーフの氾濫には要注意**です。

モチーフ選びのポイント

ここで策定した意匠は、次のような箇所を中心にUI全体で使用していきます。

- **メニューなどのアイコン**
- **背景のパターン**
- **ウィンドウのフレーム**
- **罫線などのライン類**
- **リストの行頭記号（ビュレット）**

取り扱いに留意するべき表現について

ゲーム開発においては、たとえそれが世界観を作るうえで必要なものであっても、取り扱いに留意するべきセンシティブな表現が存在します。
例えば、特定の思想・団体・社会通念上タブーとされているシンボルや、使用にあたって一定の許諾を得なければならないマークを意図せずに使用してしまうことで、思わぬ問題に発展するケースがあるのです。

特に、海外展開を行うタイトルでは注意が必要です。（くわしくは「Chapter6 レベルアップ」でも解説しています）

一通りモチーフを選定したあとは、必ずチーム内での精査を行い、法務や品質保証を担当する部門などに確認を行うようにしましょう。

【センシティブな表現の例】
人種差別、宗教の尊厳の毀損、政治的問題への言及、麻薬、アルコール、たばこ、チャイルドポルノ、ギャンブル、セクシャル、暴力、JIS規格マーク、十字架、赤十字、レッドクリスタル、ダビデの星、ダビデの赤盾、赤新月、赤獅子太陽、ハーケンクロイツ、日章旗、桜、菊、荊、鶴、犬、牛、豚、核兵器など。

モチーフサンプル

トイポップ

直感的な理解を促すため、「押せそう」「引っぱれそう」といった、デザインにおけるアフォーダンス（人間が知覚できる行為の可能性のこと）を意識したモチーフを使用する。コミカルな表現として、ハーフトーンや集中線も取り入れていく。

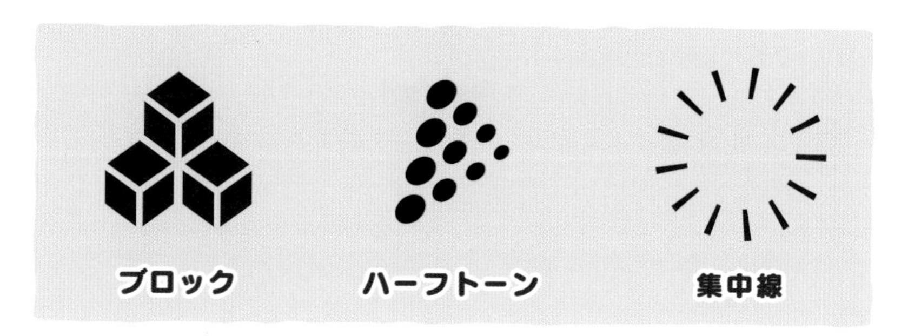

ナチュラルガーリー

レースやリボンなどのかわいらしいモチーフをメインに、あたたかみのある「ハンドメイド」をキーワードとした意匠を散りばめる。写真を用いたアナログ素材も活用する予定。

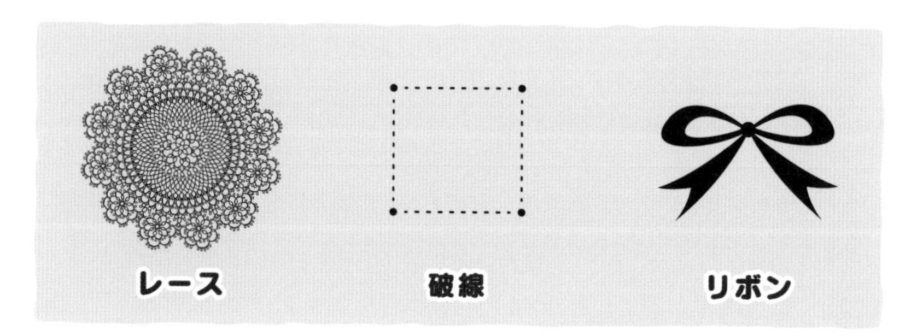

和サイバー

「日本製ゲーム」であることを魅力的に伝えたいため、和とサイバーを7:3程度の割合としてモチーフを検討する。和柄のパターンをメインに用いつつ、菱形とハニカムといった両者を融合させられる意匠を検討していく。

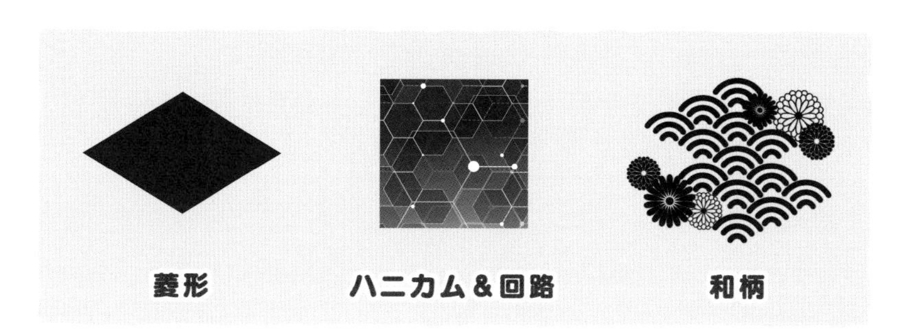

ドラスティックホラー

血しぶき・脅迫状といった、ストレートに恐怖を感じるモチーフとともに、グリッチなどで既存ホラーゲームとは異なる印象を与えていく。血しぶきについては表現の度合いに配慮が必要であるため、量・色味によってコントロールする。

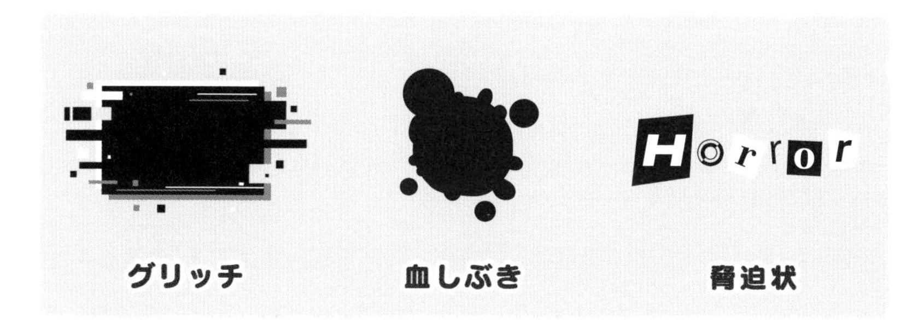

UIサンプルイメージ

ここまでの情報が揃ったら、実際のUI画面として**UIサンプルイメージ**をデザインしてみましょう。

とはいえ、これは本番用のデザインではありません。あくまでも現時点でのトンマナが**プロジェクトコンセプトに合致しているか**を確認するための資料として使用します。

サンプルですので、画面の仕様をきっちり決める必要はありません。今後の拡張を想定して、本来なら表示しない要素などを盛り込んでおくのもアリです。

主に次のような画面についてサンプルを作っておくと、以降のページで解説する「UIレギュレーション」の策定や、今後さまざまな画面を量産していく際に役立ちます。

ゲームのメインフローサンプル

メインフローとは、そのタイトルにおいて、プレイヤーが最も長時間触れることになるメインの画面のことを指します。

ゲームジャンルにもよりますが、「3Dモデル」や「キャラクターグラフィック」がビジュアルの中心となり、UIはそれに寄り添うように構成するケースが多いです。モデルやアートワークのチームと連携を取りながら進めていきましょう。

ゲームジャンル	よくある要素	画面構成イメージ
アドベンチャー	●会話キャラクター ●メッセージウィンドウ ●選択肢 ●ステータス	
ロールプレイング	●操作キャラクター ●ステータス ●武器/スキルなどのスロット	

ゲームジャンル	よくある要素	画面構成イメージ
ファーストパーソンシューティング	●レティクル（照準） ●武器スロット ●残弾数 ●ステータス ●ミニマップ	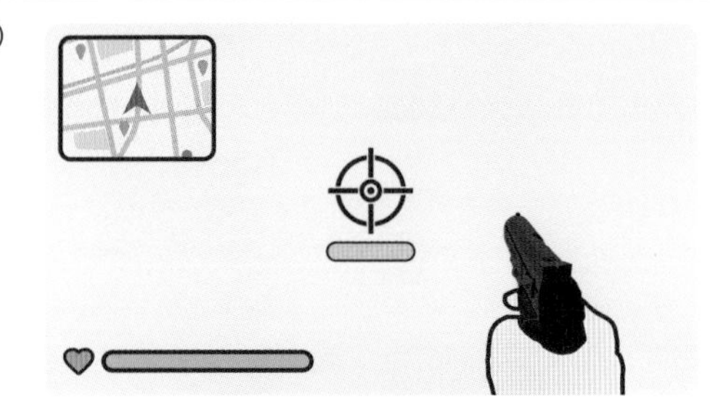
ソーシャルゲームのマイページ	●メニュー ●ステータス ●キービジュアルやキャラクター ●バナー類	

これらは重要度の高い画面ではあるものの、ゲームジャンルによっては構成の大部分を3Dモデルが占めるなど、UIの出番が少ないケースもあるでしょう。それではUIのトンマナを確認することができません。

そこで、次ページでは「UIが中心となるフローのサンプル」をご紹介します。

UIが中心となるフローのサンプル

画面の大部分をテキスト要素や機能が占める画面です。

地味な扱いをされがちですが、プレイヤーにとっては何度も繰り返し訪れる、ユーザビリティが重視されるフローであることが多いです。

UIが主役になりうる画面ですので、見出し・本文の構成や選択のインタラクションなど、使用感をイメージしながらデザインしてみましょう。

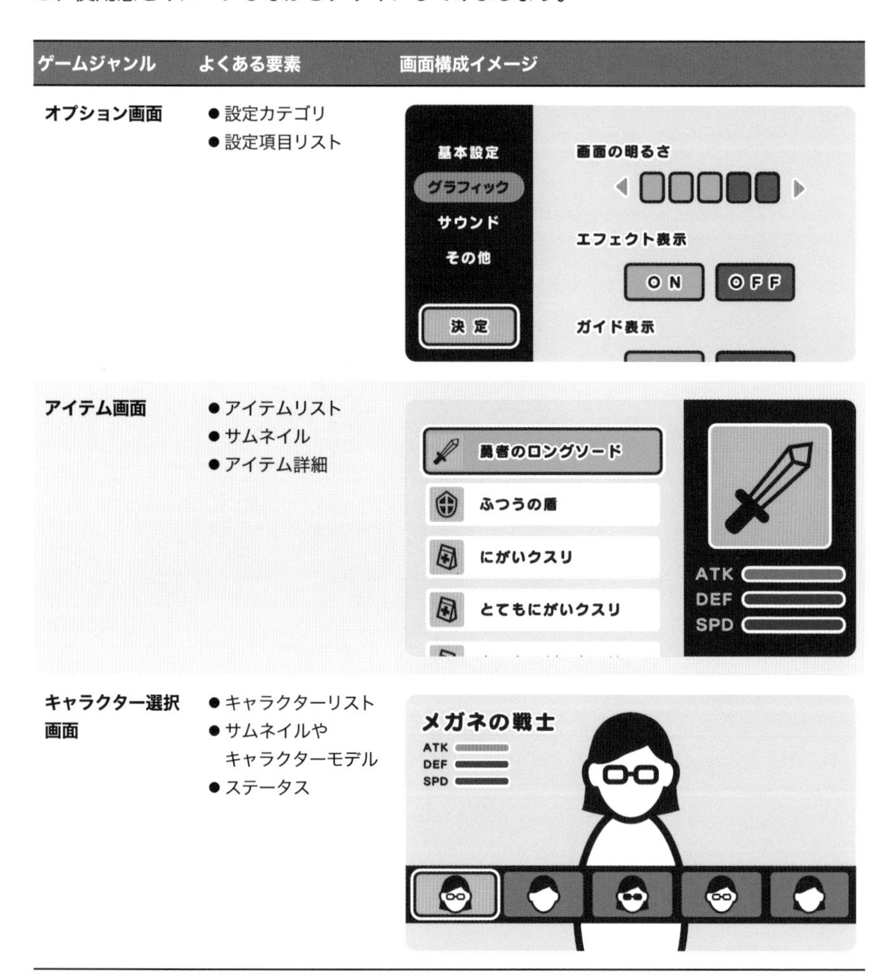

ゲームジャンル	よくある要素	画面構成イメージ
オプション画面	●設定カテゴリ ●設定項目リスト	
アイテム画面	●アイテムリスト ●サムネイル ●アイテム詳細	
キャラクター選択画面	●キャラクターリスト ●サムネイルやキャラクターモデル ●ステータス	

UIサンプルイメージの制作手順

筆者がUIサンプルイメージを制作する際は、以下のような手順で進めるケースが多いです。

1. 手書きスケッチ　**2. テキスト配置**
3. 素材ハメコミ　**4. ラフデザイン**
5. 仕上げ

まず、ざっくりと要素のレイアウトやデザインイメージをスケッチします。これは紙とペンなどを使ってスピード感と点数を重視します。
続いて、選定したフォントを用いてテキスト要素を配置していきます。テキスト要素は「視認性が確保されている」ことが大切ですので、先に配置することで「文字が小さくて読めない！」といった事態を回避することができます。
そして、キャラクターの画像などの素材を配置していきます。これはアートワークや3Dモデルのセクションメンバーに依頼し、必要に応じて用意してもらうケースが多いです。
そこまで行うとUIサンプルイメージにおける「外せない要素」が揃いますので、ここからUIのラフデザインを進めていきます。ウィンドウやアイコンなど、おおまかに矩形を配置しながらデザインを仕上げていきます。

1 手書きスケッチ

2 テキスト配置

3 素材ハメコミ

4 ラフデザイン

完成イメージサンプル

トイポップ

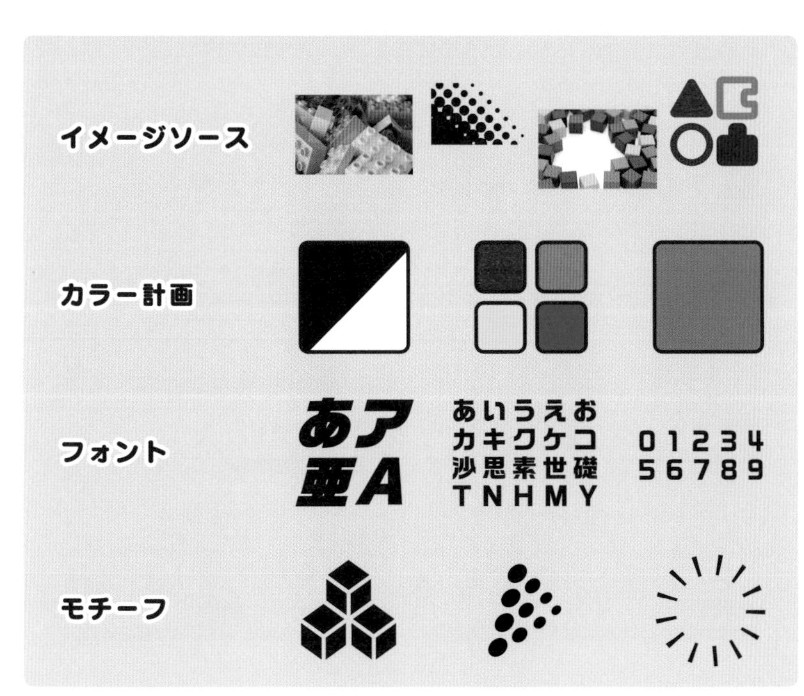

ナチュラルガーリー

Select Character
ダイ
ツバサ
ハラッチ
ルル
ゴロゾー
イチゴ
元気いっぱいの女の子。
かろやかなステップで
周囲の敵をケチらしちゃう！
選択
A 決定
B もどる

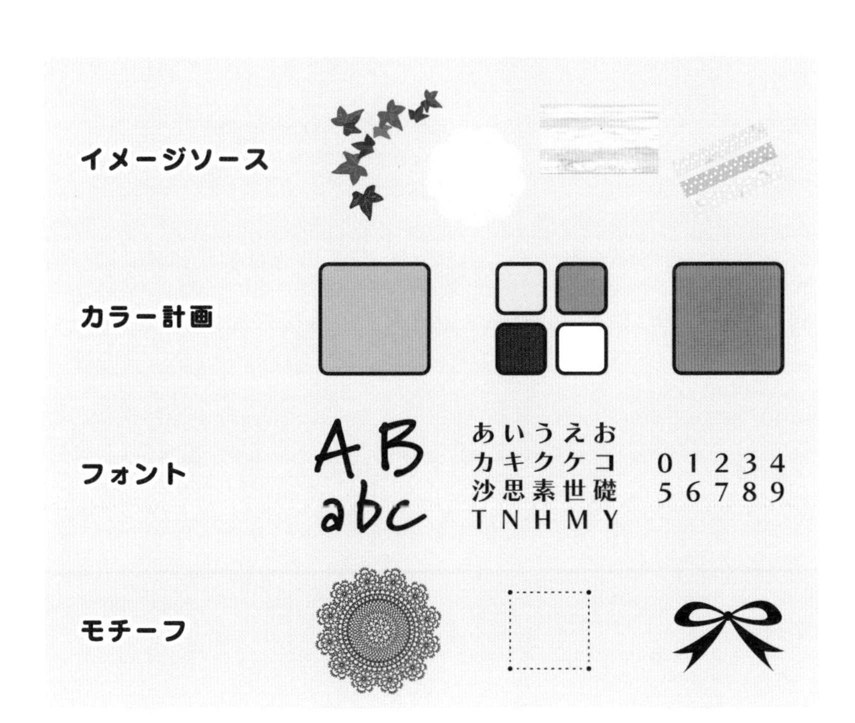
イメージソース
カラー計画
フォント
AB
abc
あいうえお
カキクケコ
沙思素世礎
TNHMY
01234
56789
モチーフ

和サイバー

キャラクター選択
AKARI
MAKI
MIYABI
RAN
WAKA
選ぶ
A 決定
B 戻る

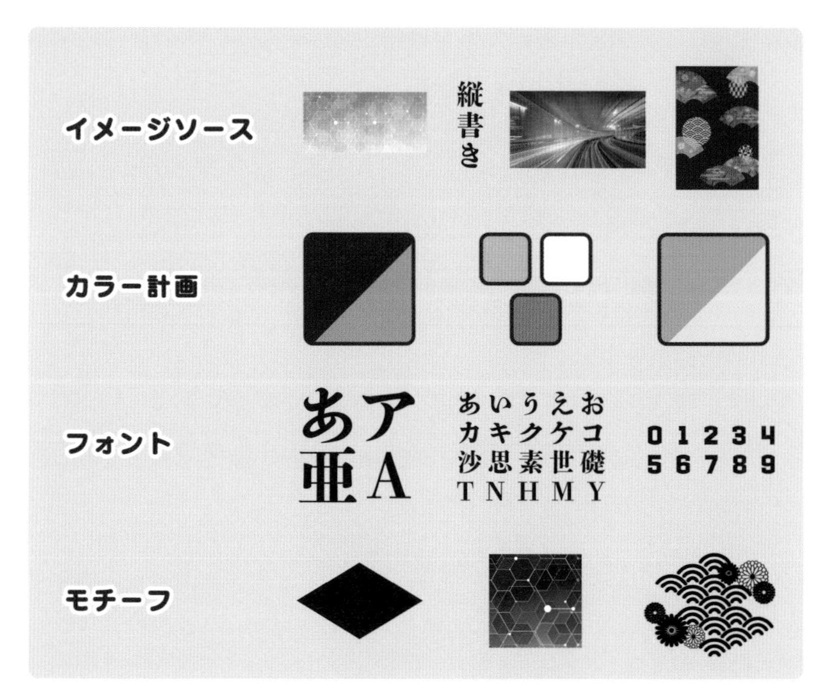
イメージソース
縦書き
カラー計画
フォント
あ ア
亜 A
あいうえお
カキクケコ
沙思素世礎
TNHMY
0 1 2 3 4
5 6 7 8 9
モチーフ

● ドラスティックホラー

SELECT CHARACTER
ロザリー
STATUS
正気度
攻撃力
防御力
選択
A 決定
B 戻る

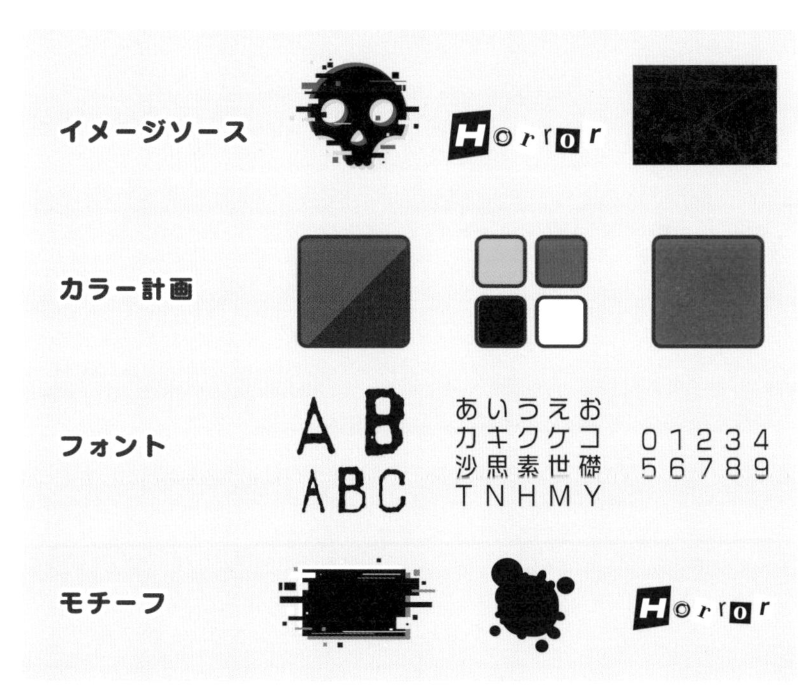
イメージソース
Horror
カラー計画
フォント
AB
ABC
あいうえお
カキクケコ
沙思素世礎
TNHMY
01234
56789
モチーフ
Horror

トンマナのプレゼン

ここまでに設計した「コンセプトキーワード・カラー計画・フォント・モチーフ・UIサンプルイメージ」一式をドキュメントにまとめると、トンマナの完成となります。

お疲れさまでした！

完成したトンマナはチーム全体に向けて**プレゼンテーション**（プレゼン）を行いましょう！

ここまでの内容をスライドにまとめ、ひとつひとつの意図をUIリーダーが説明し、質疑応答を行い、コンセプトキーワードが尊重されるレベルにまでもっていければ完璧です。

COLUMN

プレゼンスキルを習得しよう！

トンマナに限らず、UIリーダーは日頃からプレゼンのスキルを身に付けておくと、仕事を進めるうえで何かと役に立ちます。
プレゼンは以下の能力の向上に最適です。

- **伝えたいことを整理して資料にまとめる力**
- **相手の興味を惹きつける話し方**
- **フレキシブルな対応力**

ステークホルダーに向けてデザインの意図を説明したり、メンバーとデザインの改善ポイントについてディスカッションを行うといった機会が多いため、ぜひ積極的にプレゼンの機会を作り、日頃から練習しておくことをオススメします。

トンマナのプレゼン資料サンプル

以下は筆者がトンマナのプレゼンを行う際に使用する資料の構成サンプルです。こちらを参考に、皆さまのプロジェクトに合わせて適宜カスタマイズしてみてください。

2 コンセプトキーワード

コンセプト
『トイポップ』

3 UIサンプルイメージ

4 コンセプトキーワード詳細

5 カラー計画

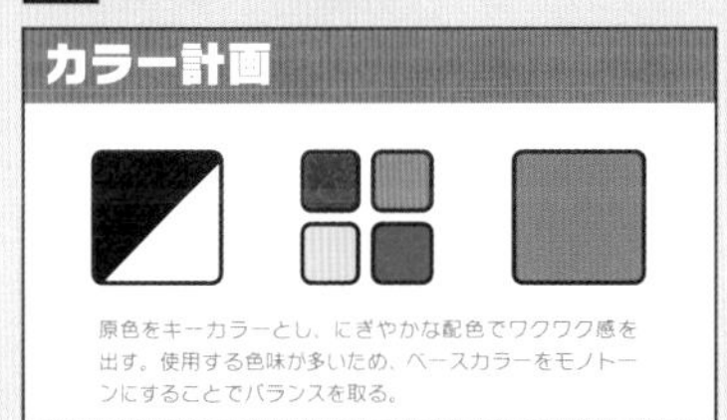

6 フォント

7 モチーフ

8 まとめ＆質疑応答

リーダー　メンバー　企画　エンジニア

03 UIレギュレーション

トンマナが出来上がったら、今度はもう少し具体的な**UIレギュレーション**（UIデザインにおける仕様）を決めていきましょう。

ここをしっかりと策定し、UIセクション内で共有しておくことで、画面ごとにデザインのバラつきが発生することを防げます。また、UIレギュレーションは企画やエンジニアといった他セクションと関係する部分も多いため、相談しながら詰めていくようにしてください。

開発途中で見直すケースもありますので、バージョン管理をしながら更新していくことをオススメします。

「ゲームタイトル」UIレギュレーション

◆バージョン管理

実装データ：Perforce

ドキュメント：Confluence

◆デザイン関連

カラーコード

メインカラー：#000000＆#FFFFFF

キーカラー　：#FF6699

シンボル

共有CCライブラリ上で管理

レイヤースタイル

共有CCライブラリ上で管理

◆ツール関連

環境構築

以下を一式インストールすること

\Projects\GameTitle\Tools

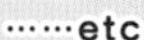

……etc

レギュレーション管理

まず、UIレギュレーションをどのように管理するのかを確認します。プロジェクト全体で使用しているバージョン管理ツールやCMS（Wikiやコンテンツ管理システム）などがあるようであれば、その中にUI用のスペースを用意するのがよいでしょう。

参考までに、筆者が過去のプロジェクトにて使用したものを記載しておきます。

名称	特徴など
Confluence **（コンフルエンス）**	Webベースのビジネス向けWikiシステム。ワープロソフトのような感覚でプレビューしながらドキュメントを作ることができ、バージョン管理も可能。複数人でのリアルタイム同時編集機能が便利。
Redmine **（レッドマイン）**	Webベースのプロジェクト管理システム。Wiki機能が備わっており、バージョン管理も可能。オープンソースのため無償で使用でき、プラグインも充実している。
Subversion **（サブバージョン）**	オープンソースのバージョン管理システム。SVN（エスブイエヌ）と呼ぶことも。ゲームの開発データ一式と合わせ、仕様書などのドキュメント類もこれで管理するケースがある。
Git **（ギット）**	プログラムのソースコードなどの変更履歴を記録するのに向いているオープンソースのバージョン管理システム。デザイナーが使用するにはやや慣れが必要。
Perforce **（パーフォース）**	大規模な開発に向いている、有償のバージョン管理システム。Unreal Engineなどの連携も可能で、昨今はゲーム開発で使用されるケースも多い。
NAS **（ナス）**	ネットワークに設置するハードディスクで、複数のメンバーが自由に読み書き可能。通常、バージョン管理機能などはないため、ドキュメントの管理にはあまりオススメできない。

これらはあくまで一例ですので、企画やエンジニアメンバーと相談のうえ、実装データとの関連付けがしやすい管理方法を選んでください。

▶カラーコード

トンマナ策定時の「カラー計画」で決めた**色**は、正式な**カラーコード**（色のパラメータを一定の形式で表したもの。デザインツールでは「#ffffff」といった表記を用いるケースが多い）としてまとめておきましょう。

デザインにAdobe製品を使う場合は**Creative Cloud Libraries（CCライブラリ）**を活用することで、PhotoshopやIllustratorなど異なるアプリケーションで使い回せます。また「クラウド共有」機能によりメンバー間での共有もできて便利です。

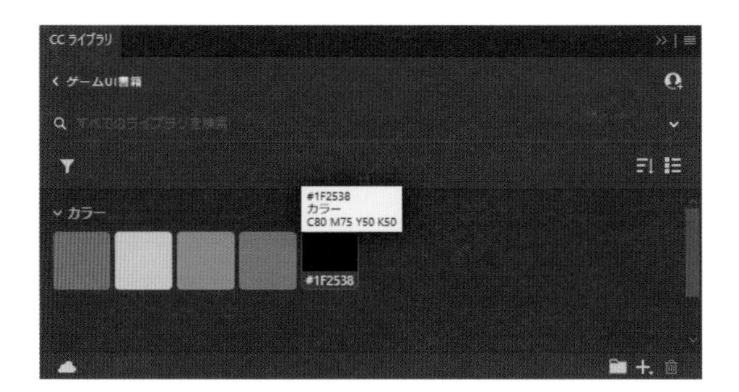

▶シンボルやスタイル

トンマナ策定時の「モチーフ」で決めた**意匠（シンボル）**や**レイヤースタイル**もまとめておきます。

シンボルはパスやシェイプなど、再編集可能な状態で用意しておくと、加工や流用に対応しやすいです。これらも前述のCCライブラリで共有が可能です。

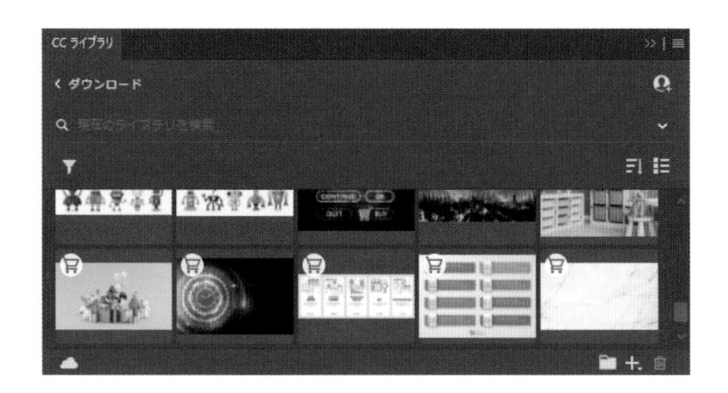

フォント

トンマナ策定時の「フォント」で決めたフォントについては、以下の内容をレギュレーション化しておきましょう。

- **フォントファイルの管理、使用方法、利用規約**
- **使用する書体およびウェイト**
- **デバイス（解像度）ごとのフォントの「最小サイズ」と「最大サイズ」**

フォントの管理について

UIデザイナーは色々な種類のフォントを扱いますが、常にたくさんのフォントをインストールしていると、環境によっては動作が重くなってしまいます。
そこで、筆者がオススメしたいのは**フォントユーティリティツール**による管理です。

フォントを分類して管理したり、好きな文字列でプレビューしたり、使いたい時だけ一時的にフォントをインストールするといった、便利な機能が揃っています。
筆者は「nexusfont（ネクサスフォント）」というソフトを使用しています。

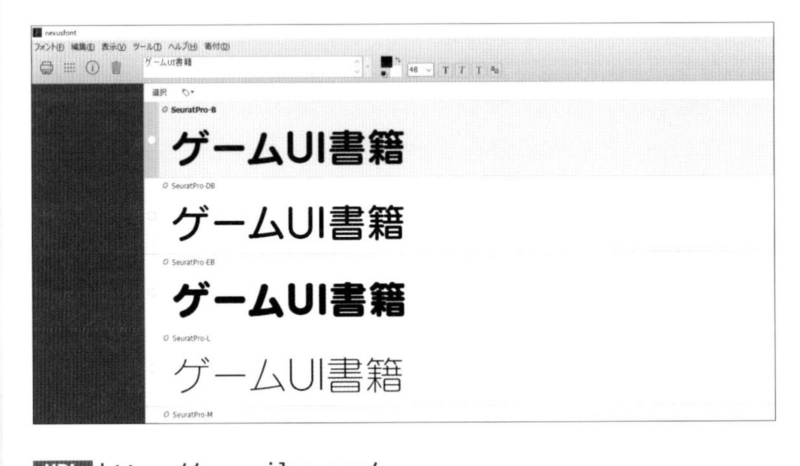

URL https://www.xiles.app/

▶テキストルール

UIとして表示するテキスト群のルールを決めていきます。これが**テキストルール**です。ここは企画メンバーと相談しながら進めてください。
例えば、以下のような項目を確認していきましょう。

- **語尾を体言止めにするのか？**
- **システム側の視点として提示するテキストの文体は？**
- **ユーザー側の視点として提示するテキストの文体は？**
- **句読点は付けるのか？**
- **日付や時間はどう表記する？**

また、表記ゆれが起こりやすいキーワードには以下のような**シソーラスリスト**を作って管理していくことをオススメします。

- **ひらがな優先にするのか、漢字優先にするのか？**
- **送り仮名はどう添えるのか？**
- **全角・半角の使い分けは？**

また、**文章の禁則処理**（日本語の文章ルールにおいて「句読点や閉じ括弧を行頭に位置させない」などの処理をプログラムで自動的に行うこと）についてはエンジニアの協力が必要になるケースがあります。動的に置き換わるテキストが含まれる場合などは文章の長さが変動してしまい、企画・デザイナーが文字数を調整することが難しいためです。
厳格な禁則処理が必要になる場合は、あらかじめそのような実装が可能かどうか、エンジニアに確認を行いましょう。

プロジェクトによっては、専用のシソーラスリストを用意して表記ゆれなどが起こらないように対策を行います。リストがあればデバッグの際に第三者のチェックを実施することもできるため、「画面によって表記がバラバラ！」といったトラブルを避けることができます。

テキストルールサンプル

以下は、筆者が過去のプロジェクトで策定していたテキストルールの一例です。こういったルールを参考に、皆さまのプロジェクト方針に沿ったルールへカスタマイズしてみてください。

また、IPタイトルの場合は原作の世界観を損なわないように留意しましょう。IPによっては原作者や版権元への監修チェックが必要になるケースもありますので、ディレクターや企画セクションと相談のうえテキストルールを確定してください。

ルール	OK例	NG例
基本的なUIテキストは 体言止めを使用する	決定 キャンセル 確認	決定する キャンセルする 確認する
システム視点では 丁寧語を使用する	入力してください お待ちください	入力しろ！ 待ってね
ユーザー視点では名詞を使用する （丁寧語や話し言葉は使用しない）	決定 キャンセル	はい いいえ OK！ やっぱりやめる
句読点は使用しない	～します お待ちください	～します、 お待ちください。
英数字は半角を使用する	残り99個	残り９９個
日付・時間は yyyy/MM/dd HH:mm 形式で表記する	2000/01/01 23:59	2000年1月1日 23時59分
記号は全角を使用する	よろしいですか？	よろしいですか?
禁則処理を行う	※行頭に句読点を使用しないなど	―

汎用パーツデザイン

ここまでにまとめたトンマナやUIレギュレーションをもとに、汎用的に使用するUIパーツを汎用パーツデザインとして最初にデザインしておくと便利です。このあとの工程「プロトタイピング」で活躍します。

主に以下のようなパーツを用意します。

パーツ名	サンプルイメージ
ウィンドウ	
ダイアログ	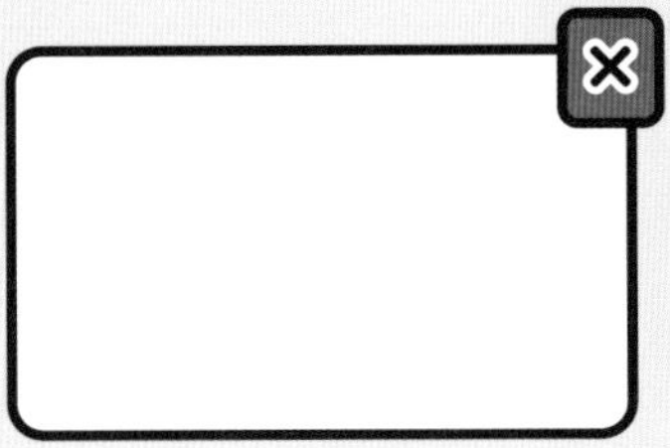
ボタン	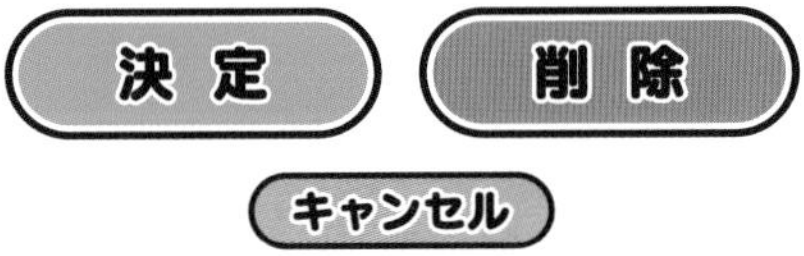 決 定　削 除　キャンセル
タブ	 タブA　タブB　タブC

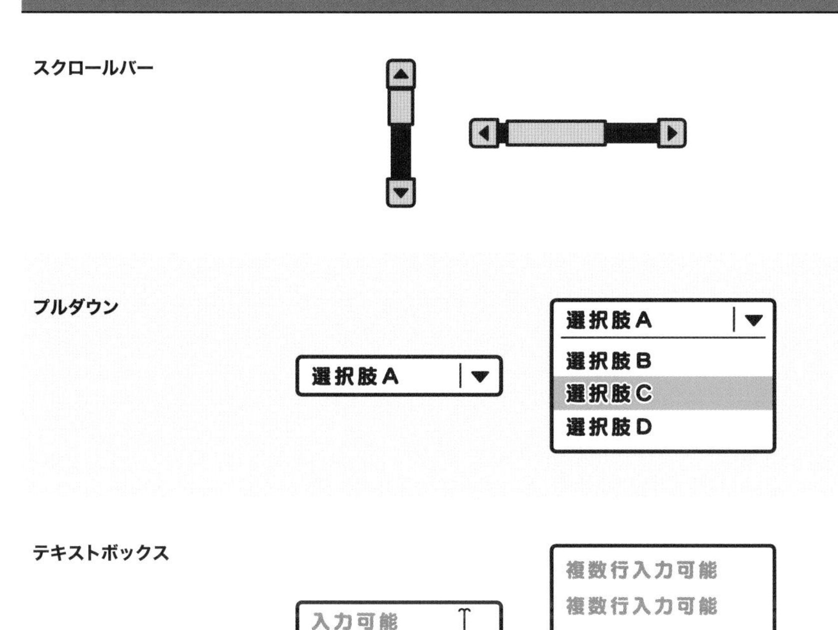

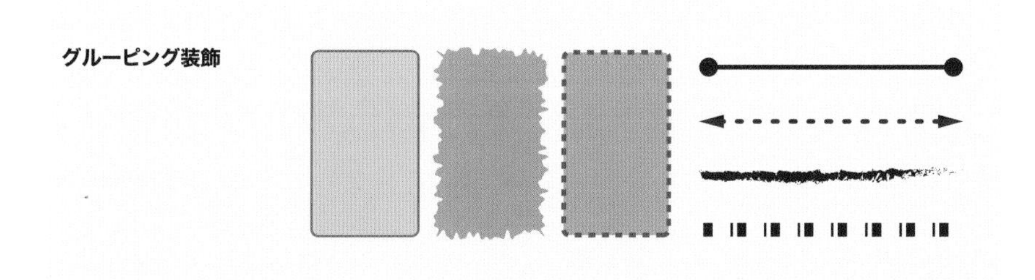

ここまでの一式のドキュメント、およびデザインデータを**「UIレギュレーション」**としてまとめ、チーム内で共有しておきましょう。

現時点ではあくまでも「コンセプト」ですので、このあとの工程で都度ブラッシュアップしていくことになりますが、これらを上流工程で準備しておくことでUIデザインが格段に進めやすくなります。

アサイン序盤などの、時間にゆとりがあるタイミングを有効活用しましょう！

Chapter 2 コンセプトまとめ

プロジェクトストーリーを明確に！

誰のために、どんな目的で、このゲームを作るのか。これはUIデザインにとって非常に重要な情報です。プロデューサーやディレクターとコミュニケーションを取り、プロジェクトが描いているストーリーを把握するところから始めましょう！

トーン&マナーでそのゲーム独自の「らしさ」を！

トンマナはゲーム全体の雰囲気を印象づけるものです。一目見ただけで「あのゲームだ！」とわかるような魅力的なコンセプトを練ることができると、このあとの工程がグッと進めやすくなります。じっくり時間をかけて取り組んでみてください。完成したトンマナはチーム全体へプレゼンを行い、他セクションにも周知しておきましょう。

UIレギュレーションはチームの道しるべ！

UIデザインはチームプレイです。レギュレーションを策定し共有しておくことで、一貫性の保たれたUIを作ることができます。開発を進めていくにしたがって、レギュレーションは柔軟に修正していって構いません。ただし、修正した時には関連セクションのメンバーには必ず更新した旨を共有するようにしましょう。

優れたゲームのカギに
優れたコンセプトあり！

Chapter 3

プロトタイピング

まず、ゲーム全体のプレイ感をつかむためにUIの試作を行います。
ここで重要なのは「とにかくたくさん試す」こと。
企画メンバーとタッグを組んで、トライ&エラーを繰り返しましょう！

リーダー　メンバー　企画　エンジニア

01 プロトタイピングことはじめ

ゲームUIにおいて**プロトタイピングは非常に重要な工程**です。「ぶっちゃけ、プロトで8割キマる！」と言っても過言ではありません。

プロトタイピングとは、専用のツールなどを使用して簡易的にゲームのフロー・機能を早い段階から確認できる状態にすることです。

UIは実際に触ってみるまで操作感がイメージしづらく、機能面でもデザイン面でも手戻りが多いセクションです。

そこで、いきなり画面単位のデザインに取り掛かるのではなく、まずは必要なすべての画面・機能面の洗い出しや、フローの出入口について確認しておき、プロトタイピングを行って、最終形のゲームフローのイメージをチーム全体で統一しておきましょう。

そうすることで、このあとのデザイン〜実装の工程での手戻りが少なくなり、クオリティを上げることに集中できます。

プロトタイピングにおいては、特に企画メンバーとの協力が必要不可欠です。トライ＆エラーを繰り返し、より使いやすいUIを目指しましょう！

ツール選び

まずは、**プロトタイピングを行うためのツール**を決めましょう。

専用のツールを使ってもいいですし、使い慣れた既存ツールや、実際に開発を行うゲームエンジン上で行っても構いません。大切なのは「こうしたい！と思ったことをすぐ形にしてレビューできるか」という点です。

本書では専用ツールについて解説していきますが、UIのプロトタイピングツールには大きく2種類あります。

- **トランジション型**
- **インタラクション型**

「トランジション型」はおおまかな操作フローや画面遷移を確認するのに特化したツールです。**Adobe XD（アドビ エックスディー）**や**Prott（プロット）**といった製品が該当します。

一方「インタラクション型」はアニメーションなどを含めた演出の細部を確認するのに特化したツールです。**Origami Studio（オリガミスタジオ）**や**UXPin（ユーエックスピン）**といった製品が該当します。

昨今では両方の長所を取り入れた複合型になってきているケースもあり、プロジェクトの性質に合わせて選ぶといいでしょう。

また、**トライ&エラーが迅速に行えるか**どうかも重要なポイントです。特にスマートフォン向けゲームなどは推奨環境の端末上で「タップ操作しやすいレイアウトになっているか？」といった点をチェックする必要があります。

そういったプロジェクトの場合は、パソコン上のプロトタイピングツールで編集→リアルタイムでスマートフォン上で確認……といったワークフローが可能なツールを選ぶことをオススメします。

COLUMN

Adobe XDのススメ

筆者はプロトタイピングに**「Adobe XD」**を使用するケースが多く、Adobe社でXDに関する講演をさせていただくほど気に入っているツールです。

- **Adobeの他ツールと連携しやすい**
- **動作が軽快**
- **直感的に使用でき、触りごこちがいい**
- **ノンデザイナーでも習得がカンタン**
- **スマートフォン上ですぐに動作をシミュレーションできる**
- **複数メンバーでリアルタイム同時編集ができる**
- **頻繁にアップデートされ、新機能や不具合修正がすぐに対応される**

Adobe Creative Cloudのコンプリートプランに加入していれば追加料金ナシで使えます（2022年5月現在）。Photoshopなどを使用していて、どのプロトタイピングツールを使おうか迷っている方は、ぜひ一度お試しください。

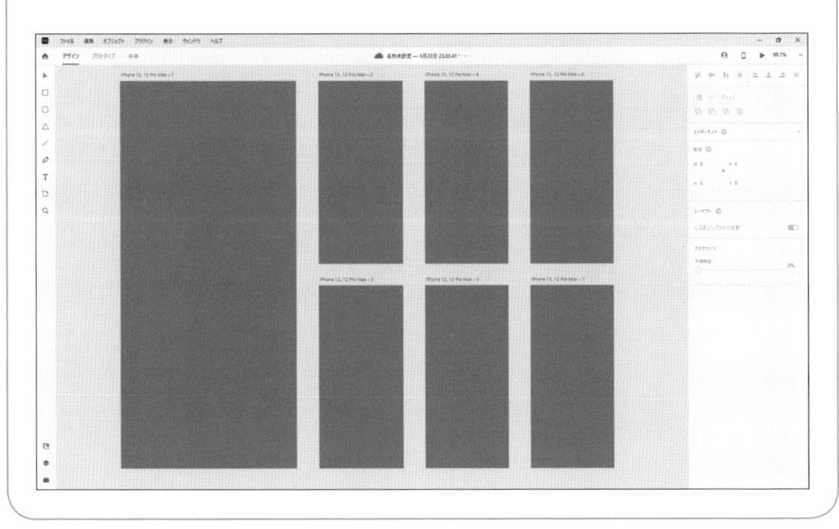

リーダー　メンバー　企画　エンジニア

02 企画要件の把握

ゲームの企画と言えば「企画セクションの仕事でしょ？」と任せっきりにしていないでしょうか？

プロトタイピングを行うにあたって、企画の意図を理解し、要件を正確に把握するために、ぜひUIセクションも企画に加わりましょう。ここをおろそかにすると、UI部分にもあとから手痛いやり直しが発生する可能性が高まります。

企画の把握ポイントとしては大きく次の３点が挙げられます。

- **目的**
- **機能の定義**
- **表示したい要素**

順を追って見ていきましょう。

目的

まず、最も大切なのは**その企画の目的**です。

その画面やフロー、UIによって「達成したいコト」「お客様に提供したいモノ・コト」は何かということを考え、言語化してみましょう。

単純な**機能の提供**なのか、はたまたゲームプレイにおける**快適性の向上**なのか、もしくは**感情の揺さぶり**を与えたい……など、企画にはさまざまな目的が存在します。

これを正しく理解していないと、UIデザインにおいても間違ったアプローチをしてしまうことがあります。

例えば、イベントシーンなどで「ユーザーが世界観やシナリオに浸れる」ことが目的であるにもかかわらず、それを阻害するようなインパクトのあるテロップUIを表示してしまう……といったミスマッチが起こります。

こういったことを防ぐためにも、しっかりと目的や意図を企画メンバーと話し合い、それに沿ったアプローチを提案できるように努めましょう。

機能の定義

企画の目的を確認できたら、次は**「その目的を達成するための機能が過不足なく定義されているか？」**という点を確認しましょう。

例えば「所持アイテム」の画面での目的が「所持しているアイテムを使用させる」だったとしたら、以下のような機能が定義されているべきです。

- **所持アイテムを一覧化して表示する機能**
- **使用するアイテムを選択する機能**
- **本当に使用するかどうか確認する機能**
- **使用したことによる結果を表示する機能**

このように機能を洗い出すことができれば、それに伴って必要なUIもおのずと思い浮かびます。「所持アイテムを一覧化して表示する」ということは「アイテムのリスト画面」が必要になりますし、「本当に使用するかどうか確認する」なら「確認ダイアログ」が必要になります。

また、追加で欲しい機能も浮かんでくるかもしれません。例えば「アイテムごとの残数を確認できる」機能や、「アイテムを並び替えられる」といった機能があれば、もっと使いやすくなると思いませんか？

自分がユーザーになったつもりで機能の一覧と向き合い、**プレイしている状態を想像**しましょう。

機能はあとから追加・削除を繰り返すと、それに付随するUIにも影響するため、デザインがいびつになってしまうことがあります。**目的を過不足なく満たす機能とは何か**を入念に検討し、企画・デザイン・エンジニアメンバーで意思統一を図ることが大切です。

表示したい要素

目的と機能がまとまったら、**UIとして表示したい要素**は何なのかをピックアップしていきましょう。それぞれの「数量」や「情報の優先度」についても企画メンバーとすり合わせておきます。

例えば、以下のような「ステータス」UIの構成要素を見てみましょう。

- **キャラクター画像**
- **キャラクター名**
- **キャラクターレベル**
- **体力の最大値、現在値**
- **スキルポイントの最大値、現在値**

このように、**まずはテキストベースでザッと要素を書き出してみる**のがオススメです。

始めからデザインありきで要素を考えてしまうと、手段が先行してしまい、ベストなアプローチではない方向に進んでしまう可能性があります。

要素を出し終えたら、今度はそれらの**「数量」を精査**していきます。

例えば、キャラクター名であれば「最大何文字なのか？」、体力であれば「最小値および最大値は？　中間値は整数なのか、小数になることもあるのか？」、レベルであれば「最大ケタ数に合わせてゼロパディング（指定されたケタ数に足りない分「0」を追記する）もしくはゼロサプレス（冗長なゼロを省略する）表記にするのか？」というような点を確認しておきましょう。デザインに進む際に配慮すべきポイントが見えてきます。

また、**「情報の優先度」についてもすり合わせ**が必要です。

このUIの中で最も優先度が高い要素から低い要素を順番に並べておきます。要素によっては並列に扱う場合もあるため、その場合は同率として並べておきましょう。

企画要件ドキュメントサンプル

一通り企画要件のヒアリングが完了したら、ドキュメントとしてまとめておきましょう。

正式な仕様書は企画セクションのほうで作成していると思いますので、UI側ではプロトタイピングに必要な項目をメモしておく程度で構いません。

以下にいくつかサンプルを掲載しておきます。紙面の都合上、内容を簡略化していますが、実際の要件に合わせて調整してください。

また、サンプルをわかりやすくするためレイアウトイメージを掲載していますが、実際は本章04節の「レイアウト」で作成しますので、このタイミングで図を作成する必要はありません。

○ サンプル① キャラクター選択画面

目的

- バトルで使用するキャラクターを選択させる
- これからバトルに向かうプレイヤーの気持ちを盛り上げたい

機能

- 使用可能キャラクターを一覧化する機能
- 選択中キャラクターのステータスを表示する機能
- キャラクターを選択できる機能
- 選択したキャラクターに間違いがないか確認する機能

要素

情報の優先度順に記載。

- 選択中のキャラクター画像
- 選択中のキャラクターステータス
- 選択候補キャラクター（8種類固定）
- 選択中のキャラクター名（最小2文字〜最大5文字）
- 選択中キャラクターの攻撃力（最大3桁、ゼロパディング）
- 選択中キャラクターの防御力（最大3桁、ゼロパディング）
- 選択中キャラクターのスキル名（最小3文字〜最大10文字）
- 画面名（10文字固定）

備考

- キャラクター決定時、確認用のダイアログを表示する
- 迷わずに直感的に選べるようにしてほしい
- キャラクターステータスを比較して選べるようにしてほしい

○ サンプル② デイリーログインボーナス演出

● 目的

● 「明日もプレイしよう！」という気持ちに訴求する

● 機能

● 当日分の報酬アイテムを表示・付与する機能
● 明日分の報酬アイテムを表示する機能
● 演出アニメーションをスキップする機能

● 要素

情報の優先度順に記載。

● 当日分の報酬アイテム画像
● 当日分の報酬アイテム名（最小3文字〜最大12文字）
● 明日分の報酬アイテム画像
● 演出アニメーション

● 備考

● 早くゲームのプレイを開始したいユーザーのために、演出アニメーション部分はスキップ可とし、すぐに報酬を確認できるようにしたい

○ サンプル③ オプション画面

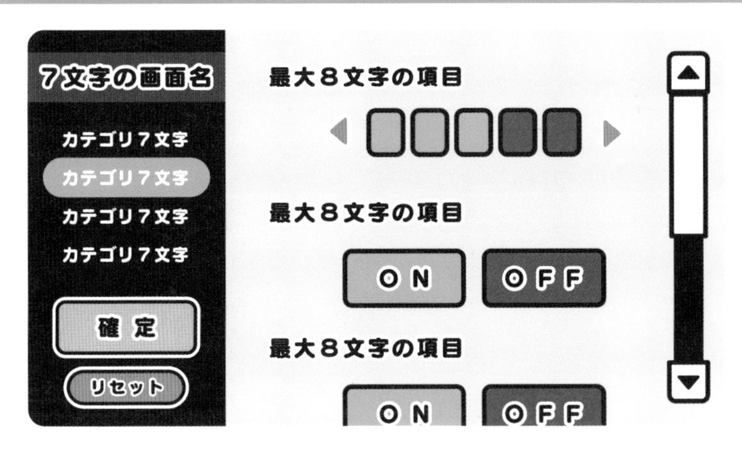

目的

- ユーザーの好みに応じた快適なプレイ体験をサポートする

機能

- 設定を変更するカテゴリを選択する機能（項目が多い場合に必要）
- コントローラーのキーアサインを変更する機能
- グラフィックの表示設定を変更する機能
- サウンドの音量設定を変更する機能
- デフォルトの設定内容にリセットする機能
- 変更した内容で上書き保存を行うか確認する機能

要素

情報の優先度順に記載。

- 設定中の項目（最小4文字～最大8文字）
- 設定可能な項目（最小4文字～最大8文字）
- 設定中のカテゴリ名（最小4文字～最大7文字）
- 選択可能なカテゴリ名（最小4文字～最大7文字）
- 確定ボタン（2文字固定）
- リセットボタン（4文字固定）
- 画面名（7文字固定）

備考

- 設定項目については今後増える可能性あり

本質的な「目的」とは？

目的を考える時は、**手段と目的が逆転しないように**気を付けてください。
例えば、「デイリーログインボーナス」は「明日もプレイしよう！という気持ちの訴求」、つまり「アクティブユーザーの離脱防止」が本質的な目的に当たります。
機能面だけ見れば「報酬アイテムの付与」を行っているわけですが、「アイテムを与える」ことが目的ではないということです。
本質的な目的を誤って認識してしまうと、UIデザインの難易度が上がったり、本来の目的を達成できないUIを設計してしまう可能性があります。ここは企画メンバーともよく話し合い、目的を見失わないように注意しながら進めましょう。

リーダー　メンバー　企画　エンジニア

03 ゲームフロー

企画要件の把握が終わったら、次にやるべきことは**ゲームフローの確認**です。各フローを実際に繋いでみて、全体像の見える化をしておきましょう。

UIは、ゲーム全体を通して**一貫した流れ**ができていることが望ましいです。別画面へ遷移した時に、それまでの流れを無視したデザインになっていたら、そのたびにユーザーが迷ってしまいます。

また、画面単位でデザインを進めると、開発後期で「このUIが漏れていた！」などのトラブルに繋がる恐れもあります。まずは全体の画面数と遷移ポイントを把握し、**メインのゲームサイクルをチーム全体で指さし確認**しましょう。

順番としては、以下のように進めていきます。

1. **おおまかなメイン画面を洗い出す**
2. **画面と画面の遷移をプロトタイピングツールなどで繋げる**
3. **メインのフローが繋がったら、違和感がないかをチェック**
4. **派生のサブ画面を洗い出す**
5. **メイン画面とサブ画面も繋げていく**
6. **各フローの遷移に違和感がないかをチェック**

ここでのポイントは、あくまで**ゲームのサイクルを確認することが目的**ですので、細かいダイアログなどはあと回しでOKです。また、画面ごとのレイアウトなどに時間を割きすぎないようにしましょう（そちらはのちの工程でじっくり取り組みます）。

一通りフローができたら、チームメンバーと**レビューを実施**しましょう。

特にエンジニアは、フローごとにメモリ管理など設計上の制約を定めているケースが多いため、企画やデザインメンバーの理想のフローが実現できるかどうか、早めの段階で確認しておくことが大切です。

▶インゲームとアウトゲーム

ゲームのフローを区別する際に「インゲーム」と「アウトゲーム」という考え方があります。

「インゲーム」とは、そのゲームの**メインとなる遊びの部分**のことを指します。

- **アクションゲームであれば、各ステージをプレイしている時**
- **格闘ゲームであれば、実際に対戦相手とバトルしている時**
- **カードゲームであれば、カードによるバトルを行っている時**

一方「アウトゲーム」とは、**インゲーム以外の部分**のことを指します。

以下のような**インゲームのための準備段階の部分**を指すケースもありますが、プロジェクトにより異なりますので、事前に確認しておきましょう。

- **アクションゲームであれば、プレイするステージを選択している時**
- **格闘ゲームであれば、使用するキャラクターや装備を選択している時**
- **カードゲームであれば、デッキを組んでいる時**

この考え方を覚えておくことで、チームでの意思疎通がしやすくなったり、それぞれのフローに最適な担当メンバーを割り振ることができます。

▶ゲームフローサンプル

○画面の洗い出し

まずは画面単位で洗い出し、そのあとフローチャート図に起こすのがオススメです。モレなく、ダブりなくピックアップしましょう。

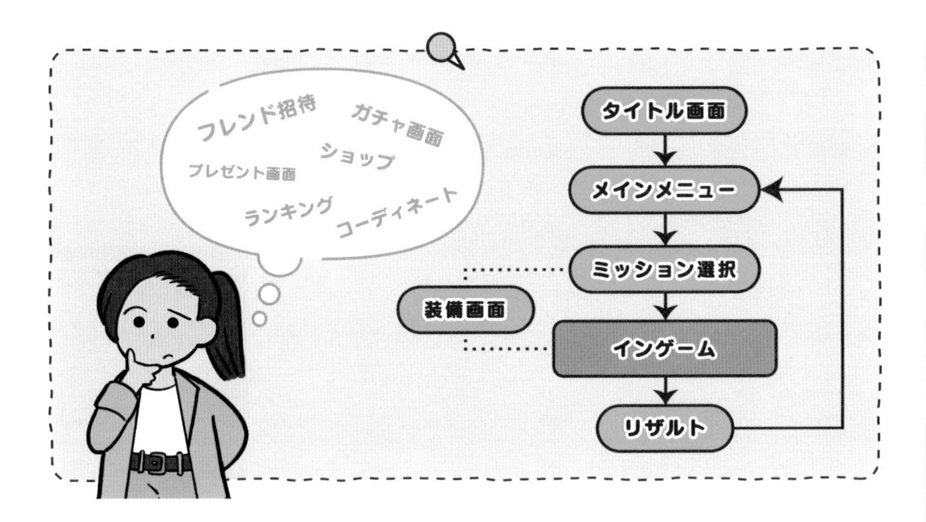

◯ プロトタイピングツールでの確認

フローチャートに沿って、プロトタイピングツールで遷移の確認をしましょう。

このタイミングではスピード優先のため、あくまで「遷移」のみの確認に留めます。各画面内の「レイアウト」については次節で設計していきますので、まだ考えないようにしましょう。

確認ポイントとしては以下のような項目です。

- **初見のユーザーでも理解しやすいフローになっているか**
- **段階的に学習できる、もしくは機能が提供されるフローになっているか**
- **行き止まりになってしまい先に進めないフローが存在しないか**
- **どこからも出入りできないフローが存在しないか**
- **ゲームのメインサイクルの遷移に違和感がないか**

リーダー　メンバー　企画　エンジニア

04 レイアウト

フローが一通りできたら、今度は**画面ごとのレイアウト**を考えていきます。

ただし、まだ細かいデザインに着手してはいけません。フローを意識しながら、機能ごとに区分けした矩形をガンガン置いていき、違和感のない配置を検討しましょう。

アイデアが出ない時は、既存タイトルの似た機能の画面をとっかかりに考えてみることをオススメします。

UIは「オリジナリティ溢れる斬新なレイアウト」よりも**「よく見かける使い慣れたレイアウト」のほうが受け入れられやすい**傾向にあるからです。

レイアウトサンプル

前節の「表示したい要素 (P.067)」で確認した「情報の優先度」を軸に、レイアウトを作成します。詳細なデザインは「Chapter 4 デザイン」で作成しますので、ここでは以下の点のみを考慮して進めます。

- **情報の優先度が高いほど「大きな矩形」として配置する**
- **情報の優先度が高いほど「目立つ位置」に矩形を配置する**
- **画面遷移するための「ボタン類」はこの段階ですべて配置する**

レイアウトのサンプル画像は本章第02節の「企画要件ドキュメントサンプル (P.068)」に掲載していますので、そちらの粒度を参考にしてください。

リーダー　メンバー　企画　エンジニア

05 UI表現

画面ごとのレイアウトがおおまかに定まったら、次に検討するのは**UIとしてのベストな表現方法**です。

例えば、ひとつの画面に収まらないようなたくさんの情報を表示したいと思った時は、以下のような手法が考えられます。

- **画面をスクロールして表示させる**
- **タブで切り替えて表示させる**
- **ページ送りで表示させる**

多くの現場では、企画メンバーから丁寧な図説付きの仕様書がUIメンバーに渡され、それをそのままデザインに落とし込むケースが一般的かと思います。

ただし、必ずしも企画メンバーがUIデザインに精通しているとは限りません。「企画メンバーの仕様書通りに作りました」でも悪くはありませんが、ここはUIのプロフェッショナルとして、ぜひ自信をもって提案してみましょう！

- **テキストで表現している情報は、アイコンなどにまとめられないか？**
- **ラジオボタンより、プルダウンのほうがスッキリしないか？**
- **常時表示ではなく、ホバーした時だけ表示するのはどうか？**

上記は一例で、ほかにも多様なUI表現が存在します。

UI表現サンプル

ここでは、ゲームでよく使われるUIの種類やパーツをご紹介します。

UIは時代とともに流行り廃りがありますので、常にトレンドを意識しましょう。Webやスマートフォンのアプリなどから新しいUI表現が生まれ、一般的に広く定着し、そこからゲームUIに持ち込まれるケースもあります。最新のゲームをチェックするのはもちろん、ゲーム以外のプロダクトにアンテナを張っておくことも大切です。

名称	説明
アイコン	要素やアクションを「記号化」するUI表現です。テキストでは冗長になりがちな概念を、直感的に理解させることに適しています。また、言語が異なる文化圏でも意味を表しやすくなる表現です。
タブ	項目名を選択することで内容が置き換わる、直感的なUI表現です。限られたスペース内で多くの情報を並列に、もしくは順番に扱いたい時に適しています。 タブA タブB タブC
ドロップダウン(プルダウン・セレクトボックス)	複数の項目からひとつを選択させる時に使用するUI表現です。すべての選択肢を常時表示させないため、スペースを節約できます。 選択肢A ▼
コンボボックス	基本的にはドロップダウンと同様ですが、ユーザーが選択肢のテキストを自由に追加入力できるという特徴があります。 自由入力可能 ▼
ラジオボタン	複数の項目からひとつを選択させる時に使用するUI表現です。どれかを選択すると、それまでに選択されていた項目が「非選択」状態になる挙動が一般的です。 選択肢A 選択肢B 選択肢C
チェックボックス	複数の項目を選択させたい時に使用するUI表現です。チェックボックスと異なり、それまでに選択されていた項目が「非選択」状態になることはありません。 選択肢A 選択肢B 選択肢C
ツールチップ(バルーンチップ)	特定の要素にカーソルなどを合わせた時、その対象物の近くに注釈などを表示させる時に使用するUI表現です。

名称	説明
アコーディオン	項目を選択することで、隠れている詳細を表示させる時に使用するUI表現です。スマートフォンなどの小さな画面で情報をコンパクトに表示する時に適しています。 
ダイアログ（ポップアップ）	画面上に小さなウィンドウなどを表示し、ユーザーへ案内や警告を行う際に使用するUI表現です。 なお、表示されたダイアログに対して特定の操作を行うまでほかの画面に対するアクションを行えない状態にすることを「モーダル」と呼びます。 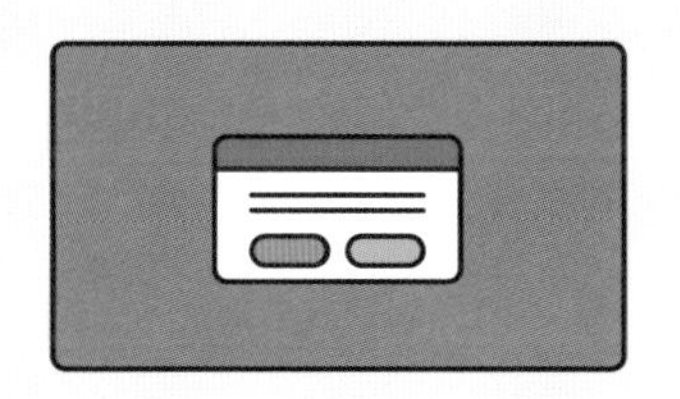
ページネーション（ページ送り）	たくさんのコンテンツを複数のページに分割し、一定の量に区切って表示させる時に使用するUI表現です。ページの総数がわかるようになっているタイプも存在します。 
カルーセル（スライドショー）	複数の画像やコンテンツをスライド表示させるUI表現です。限られたスペースにおいて効率的に情報を見せることに適しています。スライド時のアニメーション効果により、訴求力を高める効果もあります。 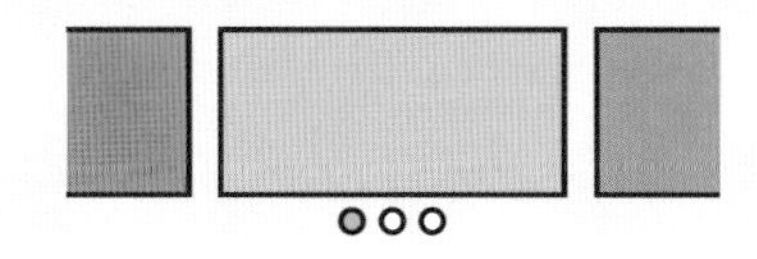

ここで紹介しているのは一例です。ほかにもさまざまなUI表現が存在します。

UI表現に万能なものはなく、それぞれにメリット・デメリットがありますので、目的や機能に合わせて最適なものを選ぶようにしましょう。

リーダー　メンバー　企画　エンジニア

06 要素の配置

レイアウトやUI表現を固めたら、そのUIが実際に「使える」ボリュームを意識して、**要素を配置**してみましょう。

ここでも細かい作り込みはせずに、スピードとトライ＆エラーの回数を優先します。

前章で作った「汎用パーツデザイン（P.058）」がここで活きます。まずは必須となる要素を、この汎用パーツでガンガン埋めてしまうのです。ある程度、精度の高いUIのラフデザイン（の前段となるもの）を組み上げることができます。

また、「キャラクターを見せる」といった要素のある画面では、「2Dグラフィックとして表示するか？ 3Dモデルとして表示するか？」などの相談を、このタイミングでエンジニアメンバーを交えて進めておきましょう。

ここまでの**「レイアウト・UI表現・要素」**が揃えば、プロトタイピングとしては大部分のUIの使い心地を確認できるようになります。

先のステップに進む前に、まずはここで検証を繰り返し、手戻りを最小限に抑えられるようにしておきましょう。

優れたUIデザインであれば、たとえ細かく作り込まれたビジュアルがなくとも、充分使いやすさが伝わる状態になっているはずです。

要素の配置サンプル

汎用パーツを使って要素の配置を進めていくと、以下のようなイメージになります（もちろん、トンマナによってテイストは変わります）。

3Dモデルなどを表示する予定がある場合は、おおまかなシルエットでアタリを取っておきましょう。テキストについてはある程度、最終形に近いイメージで入力しておくことをオススメします。

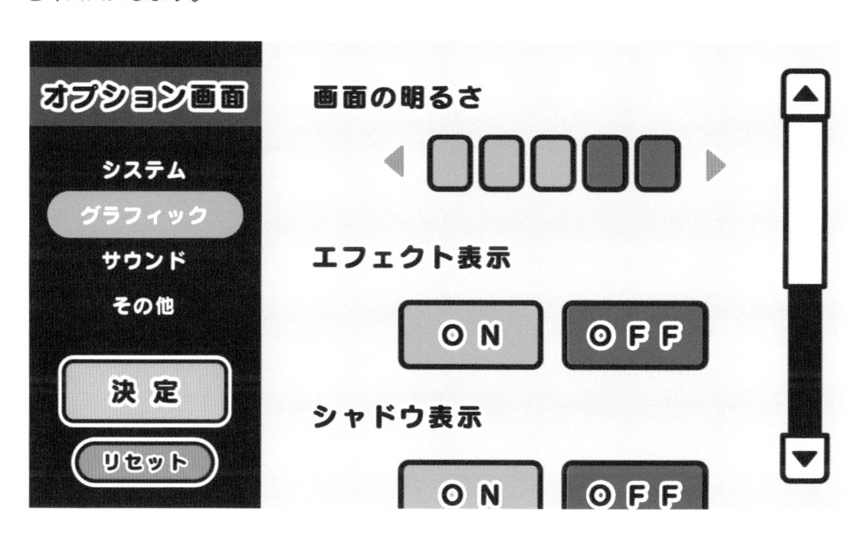

COLUMN

素材を「購入する」という選択肢

スピード感を重視する場合、UIのパーツを素材サイトで購入するのもアリです。3Dセクション向けのテクスチャ素材などと同様に、昨今ではUI素材も多く出回っており、AI形式やEPS形式のデータを購入すればタイトルに合わせた加工も行いやすいです。

外部の素材を使用する場合は利用規約をよく確認し、必ずプロデューサーなどプロジェクト管理者の許可を取るようにしましょう。無断で利用すると思わぬトラブルが発生することがあります。

リーダー　メンバー　企画　エンジニア

07 動作・演出イメージ

続いて、各UI上で行う**プレイヤーの動作や演出のイメージ**について検討しておきましょう。

例えば画面遷移時のイン・アウト演出、ボタンやカーソルなどの挙動まわり、UIアニメーション、UIエフェクトなどです。

ほかにも、3Dを用いた演出やSE・BGMなど、UI以外のセクションとの協力が必要になるものについても、プロトタイピングのタイミングで相談を進めておくことをオススメします。

演出は開発終盤において非常にバタつきやすく、気が付いたら「ブラッシュアップをする時間が取れない……」という状況に陥りがちです。

そして、さらによく起こるのが「そっちのセクションで進めてくれていると思ってた！」というコミュニケーションエラーです。

例えば、ガチャの画面をイメージしてみましょう。

- **ガチャの筐体モデル（3Dメンバー）**
- **エフェクト演出（エフェクトメンバー）**
- **「ガチャを回す」ボタン（UIメンバー）**

こういった要素のある画面について、皆さまのチームではどのセクションメンバーが主体的にデザインや演出を固めていきますか？

「ウチではまず○○のセクションがコンテを用意して……」など即座に答えられる場合は、素晴らしいチーム体制が築けています！　大喝采モノです。

残念ながら、こういった画面が開発終盤まで宙ぶらりんになっている現場は、意外と多いものです（後者のチームに所属している皆さま、安心してください。筆者も幾度となく経験しています）。

このような時、実は、**UIセクションが最も俯瞰で状況を把握している**ケースがあると思います。

日頃からさまざまなセクションと連携し、特に企画メンバーと連日コミュニケーションを取っているUIメンバーは、内心「この先、3DとエフェクトとUIが絡む画面の開発予定があるぞ……」というような情報を、往々にしてキャッチしているものです。

もし担当のセクションが決まっていないようであれば、ぜひ臆せずにUIセクション主導で開発を進めていきましょう。

最後に「画面としてのビジュアル」をまとめ上げるのは、たいていUIメンバーの仕事になります。

タスクを押し付け合っていても、開発期間はどんどん短くなっていくばかりです。演出イメージの絵コンテなども含めて、主体的に進められるようスキルを身に付け、**最終的な画面全体のクオリティアップに時間を割けるようにしておく**ことをオススメします。

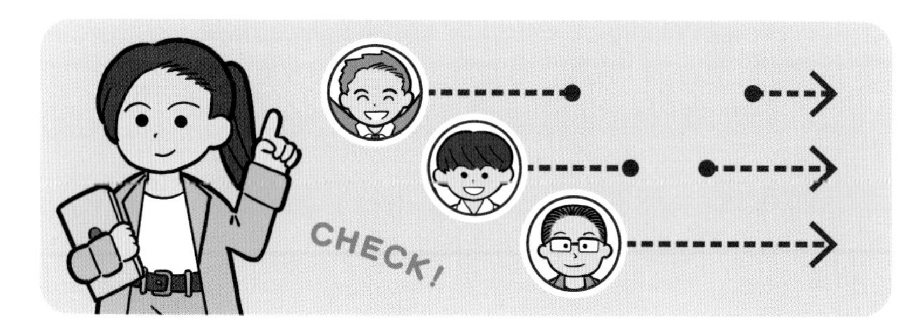

インタラクション

UIにおいて非常に重要な**インタラクション**については、エンジニアと一緒に設計していきましょう。

インタラクションとは「相互に作用するもの」を指し、「ユーザーが何らかの操作を行った時、ゲーム側がそれに対応したリアクションを返す」といった動作が基本となります。**動的（ダイナミック）なUI**と呼ばれることもあります。

例えば、以下のようなケースです。

- **キャラクターのセリフに「ユーザーが設定した名前」を含める**
- **アイテムアイコンにホバーしたら「説明用のツールチップ」を表示する**
- **ログインボーナス画面で「本日分の報酬」の画像を表示する**

こういったインタラクションは、たいていのケースではUIメンバーが素材を用意するだけでは実現できません。エンジニアメンバーに仕様を伝え、プログラムによって挙動を「実装」する必要があります。

実装については「Chapter 5 実装」でくわしく解説していますので、そちらも参考にしてください。

UIアニメーション

次に、**UIアニメーション**について検討していきましょう。

UIのパーツそのものや専用の2Dグラフィックを用意しておき、キーフレームアニメーションを設定するのが一般的ですが、前項のインタラクションと絡むケースが多く、プロトタイピングの時点である程度イメージしておくことをオススメします。

- **どの画面やUI上で**
- **どんなタイミングで**
- **どんなアニメーションを再生するのか**

といったことを想定しておき、併せて以下のような指定も行う必要があります。

- **単発再生なのか**
- **条件を満たすまで何度かループ再生するのか**
- **無限ループ再生なのか**

UIアニメーションはエンジニア・エフェクト・サウンドメンバーなどもかかわってくる工程になりますので、あらかじめどんなUIアニメーションを用意するのか、リストを作成しておき、チーム内で共有・更新していきましょう。

UIアニメーションの詳細については「Chapter 4 デザイン」でも解説します。

3Dモデル

昨今のゲームにおいて、**3DモデルとUIのかかわり**は避けては通れません。

また、UI自体を3Dデータで作ることも一般的になってきています（そもそも、一見2Dとして画面上に表示されているように見えるデザインでも、内部的には3Dポリゴンとして描画しているケースがあります……が、これはまた別の話ですね)。

さまざまな有償・無償の3D制作ツールも普及しており、学習のための垣根は一昔前と比べて格段に下がっています。

3Dメンバーとの相談をスムーズに行えるように、UIメンバーもぜひ3Dの知識を身に付けておくことをおススメします。

前項で挙げた「演出イメージの絵コンテ」は3Dメンバーが担当するケースもありますので、事前にそのあたりの担当範囲をすり合わせておきましょう。

3Dからそのまま3Dのシーンへと繋げるような演出でも、一瞬だけ2DグラフィックのUIで覆い隠す……というような仕掛けをしておくケースがあります。

また、画面上にキャラクターを表示するケースで、キャラクターの「2D画像素材」を用いるのか、それとも「3Dモデル素材」を用いるのかによって、実装の流れが大きく変わります。

こういった点を踏まえ、企画やエンジニアメンバーを交えて、どのセクションのどの素材を使って演出・実装を行うのかをしっかりと固めておきましょう。

UIエフェクト

ゲーム中に表示するエフェクトは、大きく2種類あります。

ひとつはVFX（ビジュアルエフェクト）セクションなどのエフェクトの専門家が作るもの。もうひとつはUIセクション側で作る**UIエフェクト**です。後者は「2Dエフェクト」などと呼ばれるケースもあります。

たいてい、3Dモデルと絡むエフェクトやインタラクションのあるエフェクトは、VFXセクションが担当する場合が多いです。

UIが担当するエフェクトには、以下のようなものがあります。

- **文字を表示するエフェクト**
- **画面遷移時のトランジションエフェクト**
- **UIアニメーションに追従するエフェクト**
- **UIの描画深度を前後するようなエフェクト**

文字を表示するエフェクトでは、可読性が重視されたり、フォントデータを扱う必要があることから、UIセクション側で担当するケースが多いです。

また、画面全体を覆うものやUIに追従するようなエフェクトは、UIエフェクトとしてコントロールしたほうが扱いやすい場合もあります。

汎用的なゲームエンジンでは、VFXセクション以外でも活用しやすい**パーティクルシステム**が用意されているケースがありますので、ぜひUIメンバーも触ってみて、仕組みについては一通り把握しておくことをオススメします。

UIエフェクトの詳細については「Chapter 4 デザイン」でも解説します。

サウンド

SEやBGMといった**サウンド演出**も、UIにとっては欠かせない要素のひとつです。サウンドと心地よく同期の取れたUIは、ユーザーの使用感にも非常によい影響を与えます(……とはいえ、サウンドは開発中盤～終盤まで忘れ去られているプロジェクトが多いのも実情です)。

UIリーダーは、ぜひ**序盤からサウンドセクションとの連携を密に取っておく**ことをオススメします。
「Chapter 2 コンセプト」にてトンマナを作ったタイミングで、サウンド側にもUIのビジュアルイメージを共有し、UIに合わせて再生するサウンドの方向性をすり合わせておきましょう。

また、エンジニアメンバーも含めて、UIに関するサウンドの設定を「誰が」「いつ」「どのように」実装するのかを検討しておくことも大切です。
ゲームエンジンによっては、手軽にサウンドを鳴らす仕組みが提供されているケースがあります。誰でも中途半端に編集できる状態になっていると、思わぬ不具合を引き起こしたり、サウンドセクションが意図しない状態で実装されてしまう……といったトラブルを招きます。
これはサウンドに限った話ではなく、**「特定のセクション以外は触らない」といったルールを決めておく**ことも重要です。

COLUMN

UIデザイナーは「何でも屋」!?

昨今はゲームの開発規模が大きくなり、UIの「デザイン」と「実装」をするメンバーが分かれていたり、2D専門のテクニカルアーティストがアサインされるなど、分業が進んでいるケースも見かけるようになってきました。
一昔前はUIデザイナーと言えば少数精鋭、という印象で、1プロジェクトに1名ということも珍しくありませんでした。バナーやWebサイト用のプロモーション画像などはもちろん、現場によってはエフェクトやサウンドのちょっとした調整までUIセクションが担うシーンもあったようです。
UIデザイナーはビジュアルセクションの中でも実装を自身で行う場合が多いため、簡単なスクリプトやバイナリデータの扱いに慣れているケースも珍しくなく、こういった役回りを任されることが多々あります。
筆者もそういった荒波に揉まれていた時期がありましたが、そのおかげでゲーム開発で取り扱うさまざまなデータ仕様にくわしくなりました。当時は「どうして自分はデザイナーなのに、サウンドデータを触っているんだろう……（苦笑）」などと思うこともありましたが、この経験があったことで、リーダーやディレクションを担う立場になった時もスムーズに開発を回すことができましたし、その後のキャリアの幅もグッと広がりました。

もし、いま読者の皆さまの中に「UIに直接関係ない作業でヘトヘトだよ〜！」という方がいらっしゃいましたら、声を大にして言います。「安心してください、その経験はけっしてムダではなく、将来あなたの実力となって返ってきますよ！」ぜひ何事も前向きに取り組んでみてくださいね。

Chapter 3

プロトタイピング まとめ

プロトタイピングで基盤を固める！

UIデザインはトライ＆エラーが多いセクションです。いきなりビジュアルデザインを始めるのではなく、まずはプロトタイピングを行い、設計部分の基盤をしっかり固めておきましょう。そうすることで、じっくりとビジュアルのクオリティを上げる時間が確保できます。

目的・機能・要素の３点セット！

優れたUIは細部のビジュアルが詰められていなくても使いやすいものです。それは「目的・機能・要素」がきちんと精査されているから。小手先の装飾に惑わされないよう、まずはシンプルなテキストや図形のみで、この３点を意識しながらレイアウトを進めていきましょう。

遷移は触って確かめよう！

ゲームにおけるフローの繋がりは、スライド資料やフローチャートを作成するだけでは出来上がりのイメージがしにくく、あとから画面の抜け・漏れが発覚する可能性があります。専用のプロトタイピングツールを使えば、実際に触りながら遷移を確認できるため、チーム全体で完成形のイメージを統一することができます。

ぶっちゃけプロトで
８割キマる！

Chapter 4

デザイン

本章ではいよいよUIデザイナー最大の腕の見せどころ
「デザイン」について解説します。
UIデザインは「ビジュアル」と「機能」どちらも重視されるため、
ここで言うデザインという言葉には「設計」の意味合いも含まれます。
まずはUIデザインのワークフロー全体をざっくり把握し、
その後、ポイントごとのコツを押さえていきましょう！

リーダー　メンバー　企画　エンジニア

01 デザインことはじめ

「さぁ、いよいよUIのビジュアルデザインをするぞ」と、いきなりPhotoshopを開いて図形を描画……したい気持ちはわかりますが、ちょっと待ってください！

データ構造の検討は済んでいますか？　要素の過不足はありませんか？　クオリティラインの目安は決まっていますか？　まずは一呼吸おいて、土台をしっかり固めていきましょう。事前準備を入念にすることで作業効率がアップし、UIデザインにおいて重要なユーザー体験の検討や、ビジュアルのクオリティアップに時間を使うことができます。

UIのビジュアルデザインは基本的に以下の流れで進めていきます。長期間に及ぶ開発では、チームのバランスを見ながら柔軟にブラッシュアップしていってください。

1. **ツールを選ぶ**
2. **データレギュレーションを策定する**
3. **ラフデザインを作成する**
4. **本デザインを作成する**
5. **演出を作成する**

それぞれの工程については次ページ以降でくわしくご紹介していきます。

リーダー　メンバー　企画　エンジニア

02 ツール選び

まずはUIデザインに使用するメインのツールを決めましょう。PhotoshopやIllustratorといったおなじみの製品以外にも、多様なデザインツールがリリースされています。

新しいツールは機能が豊富ですが、メンバー採用や協力会社選びが難しくなったり、ツール自体が安定していない可能性があります。**「最新技術」と「チームの足並み」のバランスを取る**ことが大切です。リーダーは各メンバーの意見もヒアリングしながら、チーム全体が扱いやすいツールを選ぶとよいでしょう。

また、**何年先の運用に耐えられるか**の視点も重要です。近年のゲームタイトルは長期運営になるケースが多いため、開発期間だけでなくリリース後も安定して長く使えるツールがオススメです。

いくら便利な機能が搭載されていても不具合が多かったり、ツールの開発元と連絡が取れずにメンテナンスができなくなってしまったりすると、安心してUIのアップデートを続けることができません。ある程度、既存のゲームタイトルで使用されている実績があり、大手の法人企業がリリースしているツールを選ぶのが無難です。

現在は無償・有償問わず優れたツールが多数リリースされていますが、商用としてゲーム開発に利用する場合は、必ず事前に**ライセンス規約をチェック**するようにしましょう。ツールによっては「追加で費用を支払う」「クレジットへ表記が必要になる」といったケースが発生します。

デザインツールの例

Photoshop（フォトショップ）

Adobe社が販売している画像編集ソフト。フォトレタッチ・画像加工・イラスト作成などの機能があり、幅広い業界で使用されている代表的なツール。また、本ソフトの編集ファイルである「PSD」形式は汎用的なフォーマットとなっており、ゲーム業界のみならず印刷・CG・映像関連でも相互にやりとりできるケースが多い。愛称は「フォトショ」。

URL https://www.adobe.com/products/photoshop.html

Illustrator（イラストレーター）

Adobe社が販売しているドローソフト。こちらはベクターイメージの編集に強いため、ロゴや印刷用の入稿データ作成に用いられるケースが多い。UI制作にも便利な機能が多数搭載されており、解像度に依存しないデータ作成に向いている。愛称は「イラレ」。

URL https://www.adobe.com/products/illustrator.html

Sketch（スケッチ）

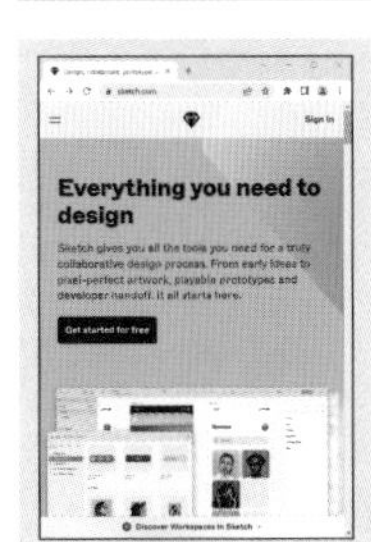

Bohemian Coding社が開発したベクターグラフィックス編集ソフト。モバイルアプリやWebサイトのUIデザインに向いており、プロトタイプの設計・作成を行うことも可能。特にソーシャルゲーム界隈のUIデザイナーの間で注目度が高いツール。

URL https://www.sketch.com/

Figma（フィグマ）

Figma社が提供するデザインツール。デザインだけでなくプロトタイピングの機能も備えている。アプリケーションをインストールしなくてもブラウザから利用可能であり、導入コストが少なく済むなどの特長がある。複数人同時のリアルタイム編集が可能。

URL https://www.figma.com/

Affinity Designer（アフィニティ デザイナー）

Serif社が販売しているドローソフト。2014年にリリースされたツール。サイズの大きなドキュメントでも処理できるエンジンと多彩な機能をサポートし、ベクター・ラスターどちらも扱うことが可能。動作が軽快であり、PC/タブレットなど異なるデバイス間で連携を取ることもできる。

URL https://affinity.serif.com/ja-jp/designer/

他セクションとの連携

デザインツールの選定に関係するのはデザイナーだけ……と考えがちですが、利用したいツールを決める際には、念のためチーム全体で共有・相談することをオススメします。

企画やエンジニアメンバーとツール情報を共有しておくことで、デザイナー以外でも仮実装用のダミー素材を作れるようになったり、効率化のためのプラグイン開発の相談を行う際など、チームとしての連携力が高まるチャンスが生まれます。

また、有償ツールの場合はライセンスの契約が必要になるケースもあるため、契約面・予算を管理しているプロデューサーや、部門のマネージャーにも利用状況を共有し、急なメンバーの増減にも対応可能な体制づくりをしておきましょう。

ツールのラーニング

利用するツールが確定したら、ラーニング期間を設けましょう。初期のコストはかかりますが、メンバー間のスキルレベルがある程度揃うようにしておきます。

UIデザイナーは必然的にトライ＆エラーが多くなるセクションです。度重なる修正や、マイルストーン締め切り直前に押し込まれる緊急タスクなどは、なかなか避けて通れません。そんな時、ツールに対するナレッジがしっかりと身に付いていれば、心折れることなくスピーディーに対応を進められます。

また、ツール力を高めておくことでビジュアル表現の幅を広げることもできます。ツールはデザイナーにとって頼もしい武器のような存在です。脳内のインスピレーションを思いのままアウトプットするために、多様なツールオペレーションを学び、どのような戦場でも通用するUIデザイナーを目指しましょう！

COLUMN

結局、どのツールがいいの？

筆者が過去に担当してきたプロジェクトでは「Photoshopで画面デザイン＋精密なベジェ曲線を扱うパーツのみIllustratorで編集」というケースが多かったです。UIデザインは1ピクセル単位で画像を調整していくため、ラスター画像として最終アウトプットをコントロールできるPhotoshopは相性がよいと感じています。

また、利用人口が多いというのも重要なポイントです。追加メンバーや外部の協力会社を探す際に、あまりにもマイナーなツールを利用しているとラーニングコストが重くなるため、ある程度ポピュラーなツールを選んでおくことは大切です（とはいえ、実装は自社開発のハウスツールの利用が多かったりするのですが……）。

今後、ゲームのハードウェアやデバイスの性能向上により、4K/8Kなどの超高解像度が一般化してきた場合は、解像度に依存しないベクター画像によるUI実装が主流になる可能性もあると筆者は考えています。

いずれにしても、UIセクションに限らずゲームの開発環境・背景事情は絶えず変化しているため「これが定番！」と決め付けず、トレンドと安定性のバランスを模索し続けるのがベターなのではないでしょうか。

リーダー メンバー 企画 エンジニア

03 データレギュレーション策定

続いて、UIデータの具体的なレギュレーションを策定していきましょう。**チーム全員が迷わないルール**を、最初に決めておくことが大切です。

データの取り扱い

まずは「フォルダの構成」や「命名規則」といった**データ自体の取り扱いレギュレーション**を決めていきます。

基本的にはチーム全体のルールに沿って策定しますが、UIデータはほかのセクションメンバーも編集する可能性があります。バージョン管理ツールとの相性も考慮する必要があるため、企画やエンジニアメンバーと相談したうえで確定するのがいいでしょう。

フォルダ構成のレギュレーションサンプル

UIセクションでは、主に以下のファイルを管理するためのフォルダを用意しておくケースが多いです。

- **UI仕様などのドキュメントデータ**
- **作業上使用するツールやフォントのデータ**
- **UIのデザイン編集用データ**
- **UIの実装用テクスチャデータ**
- **メンバーごとの作業用データ**
- **一時保存データ**

プロジェクトの方針にもよりますが、たいていは「実装に使用するデータ（ゲームのパッケージに含めるデータ）」と「実装に使用しないデータ」の２種類に分けて管理されますので、そちらを意識したフォルダ構成にしておくのがオススメです。

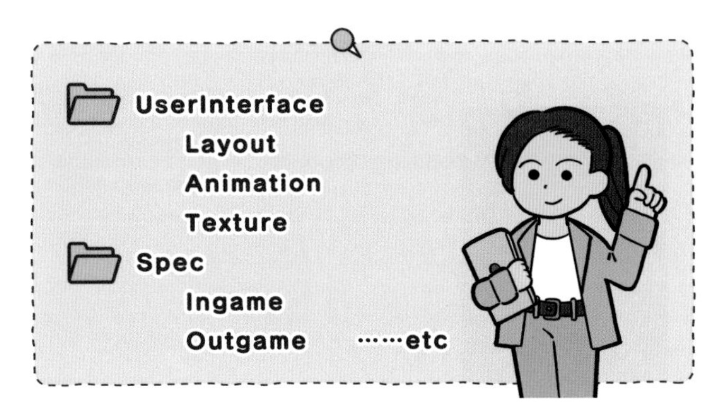

命名規則のレギュレーションサンプル

次に、命名規則について検討していきましょう。開発環境やバージョン管理ツールにもよりますが、おおむね以下のような項目についてルール化しておきます。

ルール項目	説明
使用可能文字	フォルダやファイル名に使用できる文字の種類。実装データにおいては「半角文字（英数字）のみ」が一般的。 また、編集ファイルなどで「全角文字の使用OK。ただし機種依存文字の使用は不可」といったケースも存在するため注意が必要。
単語区切りの記法	単語を区切る際に使用する記法。以下のような種類がある。 ●キャメルケース 単語の先頭を大文字にする。派生して、先頭の単語のみ小文字にする「ローワーキャメルケース」、またはすべての単語の先頭を大文字にする「アッパーキャメルケース（パスカルケース）」が存在する。 例：uiMainMenu、UiMainMenu ●スネークケース 単語の間をアンダースコアで繋ぐ。 例：ui_main_menu ●ケバブケース 単語の間をハイフンで繋ぐ。 例：ui-main-menu
連番や日付の記法	連続するナンバリングを使用する場合は、ケタ数を決める。 また、日付を挿入する場合は「yymmdd」といった表記形式を定めたり、ゼロサプレス（冗長なゼロを省略すること）のルールを決めて表記を統一する。
ポピュラーな単語の使用	ゲーム開発においてポピュラーな単語を優先的に使用する。機械翻訳と思われるような直訳の単語や、日本語の無理やりなローマ字表記などは、推奨されないケースがあるので要注意。

ルール項目	説明
単語の省略	文字数の多い単語や、一般的に省略されるケースの多い単語についての取り扱いを決める。 例：background ➡ bg
最小〜最大の文字数	フォルダやファイル名に使用できる文字数。ファイルパスが長くなりすぎると動作に支障をきたすことがあるため、ファイル単体だけでなくフォルダも要チェック。
接頭辞や接尾辞	同カテゴリのファイルを表す際など、共通の接頭辞・接尾辞を使用するケースがある。 例：UI関連データは先頭に「UI_」
禁止・非推奨	命名上の禁則事項。 あらかじめエンジン側で用途が決まっている「予約語」の使用を禁止するなど、チームごとにさまざまなルールが存在する。

このように、開発序盤で命名規則のレギュレーションを定めておくことで、複数メンバーでの開発においてもデータの管理がしやすくなります。

フォルダやファイル名のリネームについては、以前の開発環境ではあとから変更することがなかなか難しい状況でしたが、昨今のバージョン管理ツールやゲームエンジンでは対応しやすくなってきています。開発の状況に応じて、柔軟に検討していきましょう。

COLUMN

こんな命名はイヤだ〜！

筆者はそこそこ（いや、かなり？）命名規則に対してうるさい人間なので、次のようなフォルダ・ファイル名を見かけるとすぐに修正をお願いしてしまいます。

- **「- コピー」**
- **「新しいフォルダー」**
- **「名称未設定」**
- **「fix」とか「final」とか「last」とか（しかも最終稿じゃない）**
- **全角英数字と半角英数字が混ざっている**
- **バージョン管理しているのに日付が含まれている**

もちろん、チームが円滑に開発を進められればどんな命名規則でもOKなわけですが、こういった細部へのこだわりが開発終盤の明暗を分けると信じて、今日もせっせと修正しております……（遠い目）。

編集データ構成

データの取り扱い方を決めたら、続いてはその中身の話です。**編集データ内部の構成ルール**を定めていきましょう。

例えば、PSDなどのデザインデータにおける「レイヤー名」や「レイヤー構成」をどうするのか、本デザイン時はベクターデータなどの「非破壊編集（画像データを劣化させずに編集・修正を加えられる仕組みのこと）」を推奨するのかなど、事前にUIセクション内ですり合わせておく必要があります。

ここが固まっていると、複数メンバーで並行して開発を進める場合でも、全員が扱いやすい編集データの状態を保つことができます。

編集データ構成のレギュレーションサンプル

筆者の経験にもとづいて、編集データの構成例をご紹介します。

デザインデータとしてPSDファイルを使用するケースが多かったため、一部Photoshopで使用されている用語での表記を使用していますが、他ツールを利用されている方は類似の機能に置き換えたうえで参考にしてください。

ルール項目	説明
カンバス	新しい画面デザインを開始する場合、原則UIリーダーが用意した「テンプレートPSD」を使用すること。 やむを得ず新規でカンバスを作成する場合は、以下の設定を遵守すること。 ●幅：1920ピクセル ●高さ：1080ピクセル ●アートボード：ON ●解像度：72dpi ●カラーモード：RGB（8bit） ●ピクセル縦横比：正方形ピクセル
セーフエリア	「タイトルセーフ」「アクションセーフ」の2点を守ること。 ●タイトルセーフ 重要情報範囲。縦・横それぞれ95％で設定する。 特に読ませる必要のある重要度の高いテキストなどは、原則この範囲内に収めること。 ●アクションセーフ 情報範囲。縦・横それぞれ97.5％で設定する。 見せたい情報はこの範囲内に収めること。

ルール項目	説明
データ構成	ベースとなる「画面PSD」を用意し、そこに「パーツPSD」を外部画像としてリンクさせる構成にすること。 また「パーツPSD」内においては「レイアウト用のアートボード」「テクスチャごとのアートボード」を作成し、テクスチャ単位でデザインを編集できるようにしておくこと。 「テクスチャごとのアートボード」は「4の倍数」のアートボードサイズで作成すること。 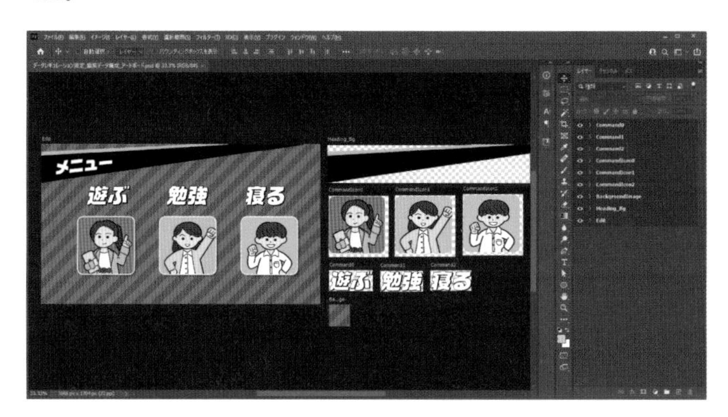
外部画像	外部画像を配置する場合は「埋め込み」ではなく「リンク」を使用すること。
アートボード命名規則	レイアウト用のアートボード名は「Layout」とすること。 テクスチャごとのアートボード名は、ゲームエンジン側のテクスチャ命名規則に従うこと。
レイヤー構成	ひとまとまりの機能や装飾ごとにレイヤーセットへ格納すること。さらに、すべてのレイヤーを内包した親レイヤーセットをひとつだけ作成すること。
レイヤー命名規則	各レイヤーには適切な名前を付け、他の担当者が内容を理解しやすくなるように心がけること。全角文字の使用については許容する。
デザインデータ	原則、非破壊編集にてデザインデータの作成を行い、リサイズ・回転などの編集に耐えられるようにすること。
レイヤースタイル	ゲームエンジン上のみで同様の表現ができるスタイルを優先的に使用する。下記以外のスタイルについては画像化する必要があるため、乱用に注意すること。 ● グラデーションオーバーレイ ● 境界線（外側） ● ドロップシャドウ
デザインの座標	原則、表示物や余白の座標・サイズは「4の倍数」のピクセル数を使用する。

これらはあくまで一例ですので、読者の皆さまのプロジェクトに合わせてレギュレーションを決めていってください。また、最初から完璧なものを求めるより、開発を進めながらUIメンバーの足並みに合わせて調整していくほうがうまくいくケースが多いです。

ここでの目的は、あくまでもメンバー全員が扱いやすい編集データ構成をルール化することで**作業を効率化**したり、**予期しない事故を防ぐ**ことです。レギュレーションの整合性を気にしすぎた結果、手段と目的が逆転しないように気を付けましょう。

COLUMN

Photoshopのススメ

皆さまはUIのデザインに何のツールを使っていますか？
筆者の経験では、ほとんどのプロジェクトでPhotoshopを使用しています。理由としては「業界のデファクトスタンダード」「新規メンバーを採用しやすい」「ツールとして安定している（アップデート直後は不安定なケースもありますが……)」「プロユース機能の充実」が挙げられます。
特にラスターとベクターの取り扱いについてバランスがよいと感じています。以下の機能群を「非破壊編集８種の神器」と（勝手に）呼び、積極的に活用しています。

- **シェイプ**
- **レイヤースタイル**
- **スマートオブジェクト**
- **ベクトルマスク**
- **べた塗りレイヤー、グラデーションレイヤー、パターンレイヤー**
- **調整レイヤー**
- **スマートフィルタ**
- **3Dレイヤー**

これらは拡大・縮小・回転などの編集を何度行っても画質を損なうことがないため、トライ＆エラーを頻繁に行うUIデザインの工程においては強力な味方です。

ほかに、「アートボード」によるパーツごとのテクスチャ管理や、スマートオブジェクトの表示を動的に切り替えられる「レイヤーカンプ」、ちょっとした「アニメーション」の確認、JSX（JavaScript Extend Script＝Photoshop上で実行できるスクリプト言語）やドロップレットを併用した自動化が行えることも大きな魅力です。
また、「PSDデータ」自体の仕様が公開されているため、サードパーティ製のプラグインが充実していたり、自社のハウスツールに対応させることができる点も特筆すべきポイントです。

UIリーダーの皆さまはこういったことも視野に入れて、プロジェクト＆チームに最もフィットするツールを検討してみてくださいね。

描画優先度

続いて固めておくべきレギュレーションは**UIを表示する際の描画優先度**です。「表示深度」と呼ぶケースもあります。

UIと他の要素（3Dやエフェクトなど）が同時に表示される際はどちらを手前に描画するのか、異なるUI同士が同時に表示される際はどちらを優先するのか……といったことをルール化しておきましょう。

「え？　それってUIデザイナーが自由に決められるんじゃないの？」と思われた方もいるかもしれません。

タイトルによっては、エンジニアが描画をコントロールしやすくするためおおまかなレイヤー（のようなもの）を定義しているケースがあり、あとから異なるレイヤー深度に移動させることができない……というような状況に陥ることがあるのです。

そういったトラブルを防ぐためには、開発序盤において描画優先度をUIセクション側から指定し、企画やエンジニアのメンバーと認識合わせを行っておくことが大切です。

描画優先度サンプル

まずは、ゲームフロー全体を踏まえた描画優先度を決めましょう。実際には画面ごとに細かい要素の前後関係が生まれますが、まずは次ページに示すようなザックリとした階層を考えておきます。

上段に記載されている項目ほど描画優先度が高く、「手前に表示される要素」となります。それぞれの階層の中に置かれた要素は、原則としてほかの階層に移動させることはできません。

インゲームの場合

階層	説明
特殊	条件に応じて一時的に最前面に表示する必要があるものを指定する。 ●例：入力中のチャット欄
システム	システムからの重要な通知を表示する。 ●例：エラーメッセージ、緊急アナウンス
重要演出	ゲームの進行に影響するような、重要な演出類を表示する。 ●例：ゲームスタート、ゲームオーバー
固有機能	固有の機能をもったフルスクリーン系の画面を表示する。 ●例：全体マップ、オプションメニュー
重要通知	優先度の高い通知類を表示する。 ●例：リロード通知、瀕死状態演出
常時表示	確認の頻度が高い情報を表示する。 ●例：ステータス、武器情報、ミニマップ
通常	通常の表示物に使用する。 ●例：キャラクター情報、スコア
演出	一過性の情報や演出を表示する。 ●例：キル演出、被ダメージ演出、カットイン
3D通知	3D空間に連動する情報を表示する。 ●例：プレイヤー名、ステータス表示

アウトゲームの場合

階層	説明
システム	システムからの重要な通知を表示する。 ●例：エラーメッセージ、緊急アナウンス
演出	一過性の情報や演出を表示する。 ●画面遷移演出、ローディング、UIエフェクト全般
常時表示	確認の頻度が高い情報を表示する。 ●ステータス、ヘルプ
モーダル	プレイヤーからの応答を要求する表示物に使用する。 ●例：ダイアログ全般
通常	通常の表示物に使用する。 ●例：画面全般

リーダー　メンバー　企画　エンジニア

04 ラフデザイン

ここまでの準備が整ったら、いよいよ**ビジュアルのラフデザイン**に入っていきます。土台はバッチリ固まっていますので、楽しんでデザインしていきましょう！

「Chapter 2 コンセプト」で作成したトンマナと、「Chapter 3 プロトタイピング」で用意したプロトタイプをもとに、作業を進めていきます。

ラフデザインの流れは以下の通りです。

1. **視認性優先度を設計する**
2. **テキスト情報を本番想定で流し込む**
3. **要素のレイアウトとサイズ感を確定する**
4. **カラー設計を行う**
5. **ラフクオリティでデザイニングしていく**

それぞれ順を追って解説します。

視認性優先度

「Chapter 3 プロトタイピング」で**情報の優先度**を付けました。この優先度に沿って、それぞれの要素を**どんな順番でユーザーに視認させるのか**を決めるのがこの工程です。

例えば、以下の図はキャラクター選択画面のNGサンプルです。

このようなUIでは、色味などの差別化ができておらずすべての情報が並列に見えてしまい、ユーザーはまず画面のどこを見たらいいのか迷ってしまいます。

それでは、以下の図ではどうでしょうか？　これは**視認性優先度**をキチンと精査したOKサンプルです。

ひとつ前の図より、一目でどこを見るべきかがわかりやすくなっていますね。

UIは、ユーザーの快適なプレイ体験を手助けするものです。そのため、**重要な情報は優先的に、それ以外の情報は段階的に**、ユーザーが視認できるようデザインする必要があります。

視認性優先度をデザインによって区別するには、次のような方法があります。

種類	説明
サイズ	小さいものより**大きいもの**のほうが、視認性優先度が高くなる。
色	暗い色より**明るい色**のほうが、視認性優先度が高くなる。
	薄い色より**濃い色**のほうが、視認性優先度が高くなる。
	背景色と比較して**差が大きい**ほうが、視認性優先度が高くなる。
	寒色より**暖色**のほうが、視認性優先度が高くなる。

種類	説明
色	社会通念上、視認性優先度が高くなる**色の組み合わせ**が存在する。 
形	シンプルな形より複雑な形のほうが、視認性優先度が高くなる。  
差	連続性のあるものの中に**差別化したもの**を含めると、視認性優先度が高くなる。     
文字	文字とそれ以外の要素とでは、**文字**のほうが視認性優先度が高くなる。  
動き	静止しているものより**動いているもの**のほうが、視認性優先度が高くなる。  

テキスト

続いて決めていくのは**テキスト情報**です。このタイミングで、本番想定のフォントやサイズを確定していきましょう。

すべてのテキストは、基本的に「読める」必要があります。読めないテキストに意味はありません（装飾などのにぎやかしは除く）。

ゲームUIは「このテキストだけフォントサイズを1ピクセル変えたい！」というような調整が難しいケースが多いです。正確には、可能ではあるもののローカライズ（次ページ参照）の手間などを考えると、動的な実装を行うゲームには不向きと考えておいたほうがいいでしょう。

そのため、現時点で本番想定のテキスト内容を流し込み、まずはそれらの可読性がきちんと担保されているかどうかを確認、そしてテキストに合わせて周囲の装飾などのデザインを進めていくことをオススメします。

フォント選び

トンマナの段階ではおおまかなメインフォントを決めました。本工程では細部に使用するサブフォントも含めて、すべての書体を確定させましょう。

フォントを選ぶ際は、次のような点に留意します。

- **使用したい文字が含まれているか（英数字や記号もチェック）**
- **どの水準までの文字セットが収録されているか**
- **主要な固有名詞が正常に表記できるか（特にIPタイトルは要注意）**
- **特定の文字のみ著しくクセが強いなどの懸念はないか**

また、使用しようとしているフォントデータの**ライセンス**についてもここで確認しておきましょう。

- **バナーなどの画像内に使用する場合**
- **ゲームクライアントにフォントデータそのものを組み込んで使用する場合**
- **フォントに収録されている文字をアトラス化して使用する場合**
- **サーバ上にフォントデータを置いて使用する場合**

フォントの提供元にもよりますが、上記はそれぞれ異なるライセンス形態となっているケースが多いです。年間契約が必要になるなど追加費用が発生する場合もありますので、必ず規約を確認してから使用するようにしましょう。

ローカライズへの配慮

さらに、多言語に対応するゲームである場合は、**ローカライズ**についてもある程度この段階で意識する必要があります。

くわしくは「Chapter 6 レベルアップ」の「ローカライズ＆カルチャライズ（P.190）」でも解説しますが、テキストは言語によってボリュームが大きく変わります。

日本語では「はい」の2文字で済んでいても、別の言語になると10文字前後になってしまうケースがあるのです。

これらを考慮せずにデザインを固めきってしまうと、あとになって「テキストが収まらない！」という事態に陥ることがありますので注意しましょう。

COLUMN

ゲームにおけるフォントについて

フォントはデザイナーの強い味方ですが、ゲーム開発（特に動的なテキスト部分など、ゲーム内にフォントデータを組み込んで利用するケース）では選択肢が限られてきます。
筆者が過去のプロジェクトで使用していたフォントは、主に以下のフォントベンダーの製品が多いです。

- **フォントワークス**
- **モリサワ**
- **ダイナフォント**
- **Adobe Fonts**

ライセンスはさまざまな形態があり、一度購入すれば無制限に使用できる**買い切りタイプ**、フォントを利用するユーザー数に応じて一定の料金を支払う**サブスクリプションタイプ**、そのフォントを使用したゲームがリリースされている期間中一定の料金を支払う**個別契約タイプ**などが一般的です。

レイアウトとサイズ

視認性優先度とテキストが固まったら、それらをもとに**要素の配置レイアウトとサイズ感**を確定させましょう。

プロトタイピングの時点ではザックリとしたものになっていると思いますので、前後のフローも考慮しつつ精度を上げていきます。

また、ユーザーの操作が絡むインタラクション要素については、特に注意が必要です。例えば以下のような点です。

- **ボタンが小さく押しづらい**
- **隣のボタンとの距離が近く、誤って押してしまう**
- **次の操作対象との距離が遠く、操作コストがかかる**

マルチ&クロスプラットフォーム対応を行う場合は、この段階でさまざまな環境を想定してチェックしておきましょう。くわしくは「Chapter 6 レベルアップ」で解説しますが、画面の解像度やコントローラー、タッチ入力の有無などによって、適したレイアウト・サイズ感が変わってきます。

例えば「モバイル&タッチ入力」では快適でも、「テレビ&専用コントローラー」に対応した途端、操作しづらくなった……などという現象はよく起こります。

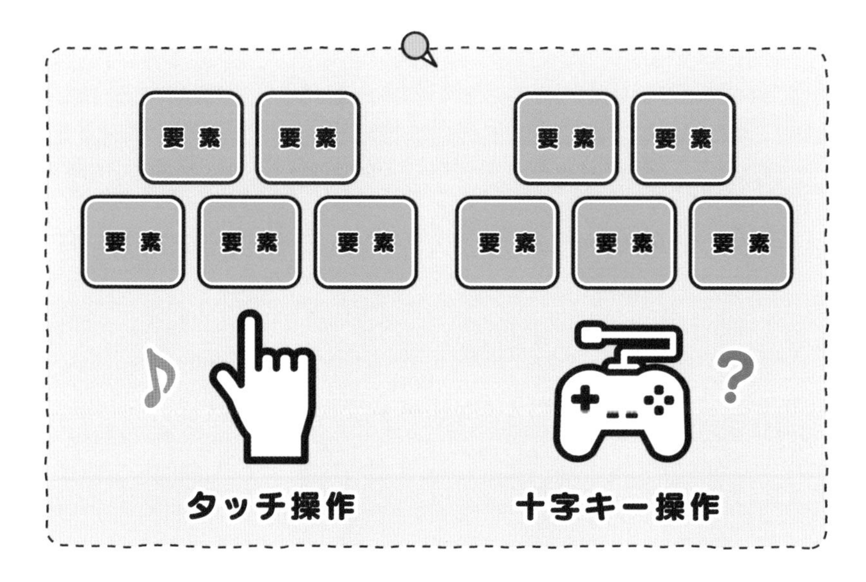

カラー設計

続いて、**カラー設計**を行っていきましょう。

トンマナを作った段階でおおまかな使用色については計画を立ててありますが、それらをどのような配置・面積で実際のUI画面に使っていくのかを決めていきます。

考え方としては、以下の手順を参考にしてください。

1. トンマナのカラー計画に沿って、確定している色のオブジェクトを配置する
2. レイアウトとサイズに沿って、面積の広い部分の色を決める
3. 差し色や面積の狭い部分の色を決める
4. グレースケール状態で確認する

まずはトンマナのカラー計画や、UIレギュレーション策定時に作成した汎用パーツを使用して、確定している色のオブジェクトを配置してしまいます。

次に、前項で決めたレイアウトとサイズに沿って、面積の広い部分の色を決めます。3Dモデルが大部分を占めるような場合は、3Dメンバーにスクリーンショットを提供してもらって作業を進めましょう。

そのあとは差し色や面積の狭い部分の色を決めていきます。

最後に、画面全体をグレースケール化して確認しましょう。優れたカラー設計ができている画面は、グレースケールでも適切なコントラストが保たれているケースが多いです。

上の2.から4.の手順を繰り返し、前後のフローと合わせてしっくり来るカラー設計を検証してください。

また、くわしくは「Chapter 6 レベルアップ」でも解説しますが、**色覚多様性対応**を行う場合はこのタイミングで確認しておくことをオススメします。

キャラクターをえらぶ

えらぶ　A けってい　B もどる

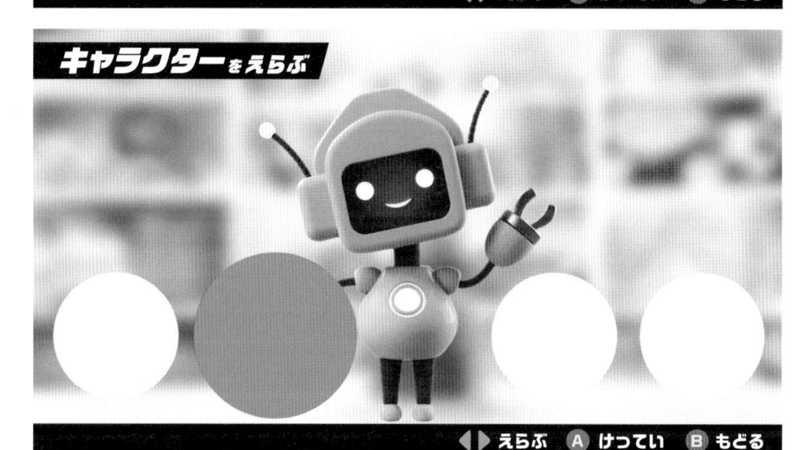

ラフデザイニング

ここまで来たら、細部の具体的なデザインを進めていきます。
とはいえ、現段階はあくまでもラフです。クオリティにはこだわりすぎず、スピードとトライ＆エラーの回数を重視しましょう。フリー素材や市販のアセットを使用しても構わないので、最終的な本デザインの仕上がりがイメージできるラフを目指しましょう。

ラフデザインの精度はプロジェクトやリーダーの意向により異なります。いくつかラフの基準となるイメージを用意し、チーム内で意思統一しておくことをオススメします。
筆者の場合、ラフデザイン工程ではおおむね以下のような項目をクリアしていればOKと判断するケースが多いです。チェックリストを用意してみましたので、できればUI以外のセクションメンバーにも確認してもらい、意見を聞いてみましょう。
これらのチェックリストの項目をクリアしていたら、いよいよ**本デザイン**の工程に入っていきます。
実際の開発ではラフデザインの状態で一度実装に入るケースもありますので、その場合は先に「Chapter 5 実装」をお読みいただければと思います。

ラフデザイン確認項目	チェック
ユーザーが最初に注目すべき部分がどこか判断できるか？	□
ゲームプレイの流れに沿った順番で情報にアクセスできるか？	□
すべてのテキストの可読性が保たれているか？	□
一度に見せる・読ませる情報量は適切か？	□
テキストは本番想定のフォントで最大文字数が収まっているか？	□
ローカライズした時に各言語の最大文字数が収まるか？	□
ボタンやカーソルはユーザーが快適に操作できる配置になっているか？	□
マルチ＆クロスプラットフォーム対応予定の環境で それぞれプレイしやすいレイアウトになっているか？	□
トンマナのカラー計画に沿った配色になっているか？	□
みだりに使用色の数を増やしていないか？	□
色覚多様性に配慮されているか？	□
本デザインに移行するにあたり装飾ボリュームや演出についてイメージできるか？	□

COLUMN

デッサン力って必要？

「UIデザイナーになるには、デッサン力はどのくらい必要でしょうか？」という質問をいただくことがあります。筆者の考えとしては以下の通りです。

1. 対象を観察する力は必要
2. アウトプットする力は、デジタルでも鍛えておく

1.に関しては、既存のトンマナを守りながらデザインしたり、新しくオリジナルデザインを考える際に必要なスキルです。UIデザインは2Dのグラフィックで構成していくケースが多いですが、質感やパーツの構造を検討するときに、デッサンで養える「観察」の能力が非常に役立ちます。

2.に関しては、必ずしも「アナログでアウトプットできる」ことが重要ではないと思っています。
筆者が就職活動をしていた時代は「デジタルスキルは入社してから教えることができるので、学生の間はアナログの基礎力を優先して身に付けてください」と言われていました。しかし、近年はアプリケーションやツールの技術刷新がめざましく、デジタルスキルをうまく活用して素晴らしいデザインを仕上げる方がたくさんいます。
また、デッサンへの苦手意識をどうしても払拭できずに、デザイン自体を諦めてしまう学生さんもたくさん見てきました。これは非常にもったいないことです。

実のところ、筆者もデッサンは苦手意識が強く「紙に鉛筆で石膏像をアウトプットする」ことはなかなか難しいですし、モチベーションも上がりません。
それでも、UIデザインを生業として暮らしています。
それは、上述の能力をトコトン追求したことと、何より「ゲームが好き、作りたい！」という気持ちを失わなかったことが大切だったのではないかと感じています。

読者の皆さまも、デッサンに自信がないからとデザインの道を諦める必要はまったくありません。長所を伸ばし短所を補いながら、自身の「好き」に真摯に向き合ってみてください。

リーダー　メンバー　企画　エンジニア

05 本デザイン

ここまでの長い道のり、お疲れさまでした！「本デザイン」工程は読んで字のごとく、実際の製品に反映され、ユーザーの目に触れる**本番想定のデザイン**のことです。

コンセプト・トンマナ・汎用パーツ・プロトタイピング、そしてラフデザイン……と進めてきて「これ以上、気を付けることがあるの？　ただ見た目のクオリティを上げていけばいいのでは？」と思われる方もいるかもしれません。

ゲームUIは、ラフから本デザインにかけていくつか留意すべきポイントがあります。

いずれも「お客様に届ける製品」として一定の基準を満たすために必要な項目ばかりですので、ぜひ最後まで気を抜かずにデザインを進めていきましょう。

本デザインの流れは以下の通りです。それぞれ順を追って解説します。

1. **クオリティラインを決める**
2. **デザインの細部を詰める**
3. **製品としてのレギュレーション対応を行う**
4. **再編集可能なデータに調整する**

クオリティライン

まずは最終的なデザインのクオリティラインを決めます。製品として、細部をどのくらいまで詰めれば過不足がないのか、UIリーダーとメンバーで確認しておきましょう。

クオリティラインの参考資料としては、実際にいくつかの画面をFIX（確定させること）相当のクオリティまで仕上げ、それをセクション内でベンチマークとするのがオススメです。

「クオリティ」は抽象的な概念にとらえられがちですが、UIの場合はたいてい言語化して定義することができます。

例えば、次のような項目は決まっているでしょうか？

<table>
<tr><th>確認項目</th><th>説明</th></tr>
<tr><td>画面解像度</td><td>どの解像度をクオリティラインの基準とするのか？
複数の解像度をサポートする場合、メンバーごとに異なる解像度でデザインをチェックしていると、何を正としてクオリティを判断したらいいのかわからなくなってしまう。
一例として、最もプレイするユーザーが多い環境を基準にデザインし、最小解像度で文字や装飾のつぶれが発生していないかを確認していくやり方がオススメ。</td></tr>
<tr><td>質感</td><td>立体感などの質感をどの程度まで作り込むのか？
単純にコッテリと質感を作り込むほどクオリティが上がるわけではない。世界観やゲーム全体のバランスを統一するためにも、力の入れどころと抜きどころを意識すること。</td></tr>
<tr><td>装飾のボリューム</td><td>一画面における装飾のボリュームはどの程度にするのか？
複数メンバーでデザインしていると、画面によって装飾が簡素すぎたり、逆に装飾過多になったりすることがある。基準となるボリュームを決め、その範囲内でデザインするように心がける。</td></tr>
<tr><td>アンチエイリアス</td><td>アンチエイリアスによるにじみをどこまで許容するのか？
デジタルで画像を編集していると、線などの境界線をなめらかに見せるために自動でアンチエイリアス処理が入るケースが多い。これが、小さな文字やドットを活かしたデザイン部分に発生すると、逆に見た目を損なってしまうことがある。その場合は手作業で修正を行うのか、一定のレベルまでは許容するのかといったルールを決めておく。
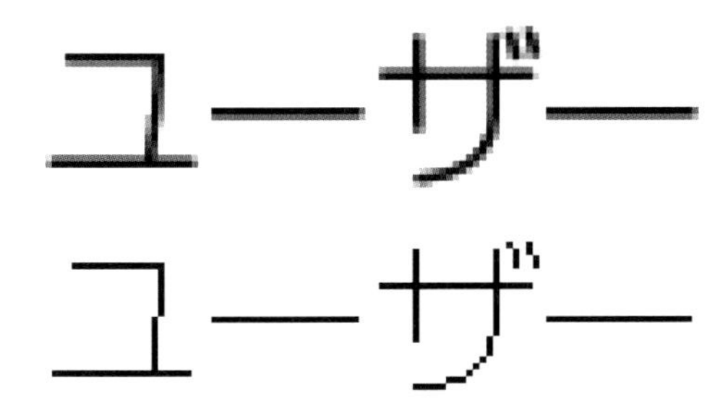

</td></tr>
<tr><td>演出</td><td>アニメーションやエフェクトなどの演出をどの程度豪華にするのか？
演出はただ派手にすればいいものではなく、全体のバランスが取れていることはもちろん、「ここぞ！」というツボを押さえることでいい効果が生まれる。静止画では伝わりにくいため、必要に応じて動画なども用い、目指すクオリティをチーム全体で確認する。</td></tr>
</table>

デザイン細部の詰め

「神は細部に宿る」という言葉がありますが、まさにUIにぴったりな格言です。

UIは「アート」よりも「デザイン」の側面が強いため、細かい数ピクセルの違いがユーザーにとっての使いやすさを左右します。

本書ではページ数の都合上、個別具体的なビジュアルデザインのテクニックについては触れませんが、工程としてはこのタイミングでじっくりデザインと向き合い、納得いくまで細部の詰めを行ってください。

本章07節に**UIビジュアルチェックリスト**を用意しましたので、本デザインが一通り完了した際にぜひチェックしてみてくださいね。

あるあるNGデザインサンプル

以下に、陥りがちなNGデザインのサンプル事例をご紹介します。初学者の方や、他の職種からデザイナーに転向された方は必ずといっていいほどハマるポイントですので、一度ご自身のデザインについて振り返りを行ってみてください。

RGBの原色が使用されている

「#FF0000」のレッドや「#00FF00」のグリーンといったRGBにおける原色は、色が主張しすぎたり安っぽい印象を与えるケースがあるため、意図的でない限りは極力避ける。

また、「#000000」のブラックについても要注意。トンマナにもよるが、ネイビー・ブラウン・カーボングレーなど、若干カラーの値を調整することでリッチな表現にしている場合が多い。

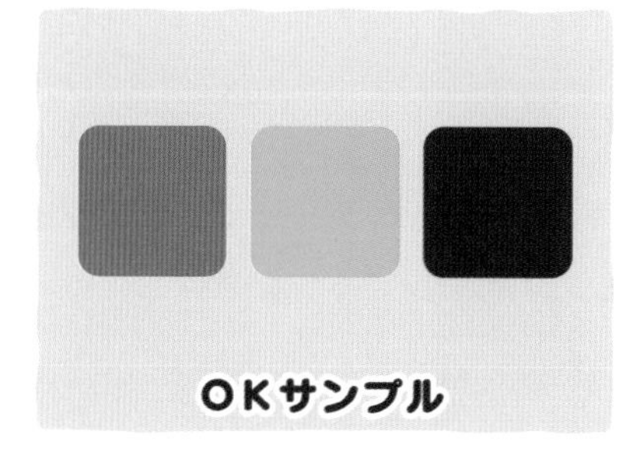

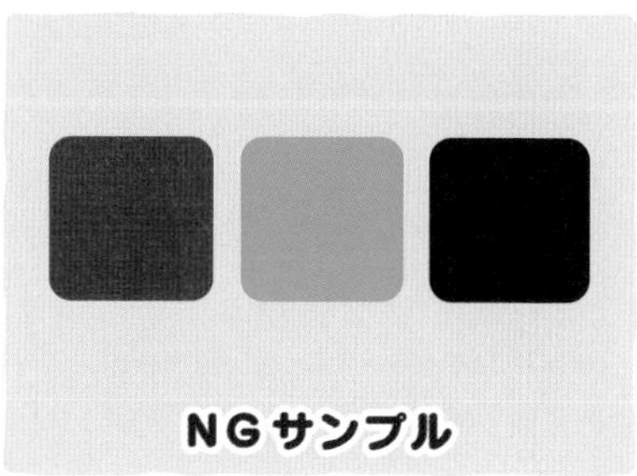

角丸がゆがんでいる

角丸のデザインをそのまま変形すると、縦横比がゆがんでしまい見た目が損なわれる。必ず縦横比を保ったまま変形させること。

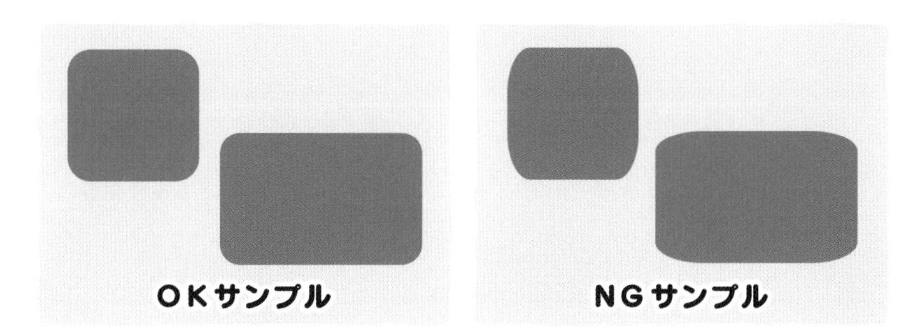

角丸の比率が合っていない

角丸を入れ子にする場合、内周の角は外周よりも鋭角にすること。そのまま縮小しても角の比率が合わないため要注意。

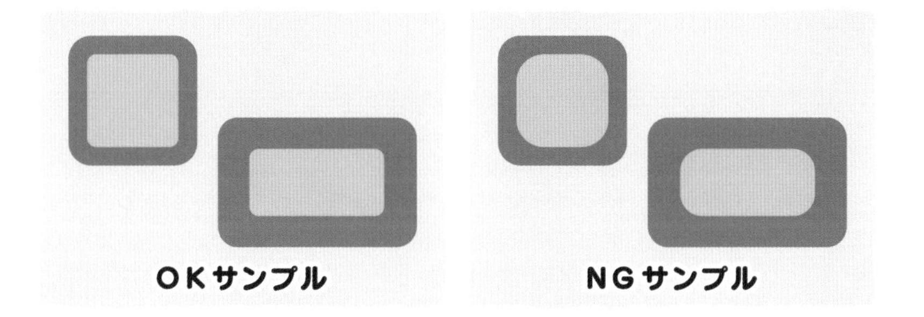

カーニング調整がされていない

カーニングとは文字と文字の間隔を調整すること。フォントはそのまま打っただけでは字間がキレイに揃わないケースがほとんどなので、手作業で調整を行うのが一般的。

UIデザイン
カーニング調整
OKサンプル

UI デザイン
カーニング調整
NGサンプル

小さいアルファベット装飾の多用

大きな見出し文字に沿うように、小さいアルファベットを装飾として使用するケースがあるが、意味のない多用には注意すること。スペルミスをチェックするためにデバッグ工数が増えたり、ローカライズの際に英語表記が二重になってしまいあとで苦しむケースがある。

UIデザイン
User Interface Design
サンプル

製品レギュレーション

ここまでの工程でビジュアルクオリティはほぼ問題ないレベルへと到達しますが、まだやるべき作業が残っています。ズバリ、**製品としてのレギュレーション対応**です。

ゲームは、リリースするプラットフォームなどに応じて、守らなければならない一定のルールが存在します。例えば、以下のようなものです。

- **コントローラーやボタンなどの専用ハードウェアに関する画像は、鮮明でなければならない**
- **一定時間以上のローディング中には何らかの情報やインタラクションを挿入しなければならない**
- **キャラクターの肌の露出や過激な暴力・性表現などを含める場合、ユーザー層に合わせた適切なゾーニングを行わなければならない**

コンシューマーゲームであれば、任天堂・SONY・Microsoftなど企業ごとの作成基準がありますし、アプリについてもApple（iOS）・Google（Android）などによるリリース前チェックがあります。

これを満たしていないとそもそもゲームをリリースできなかったり、リリース後に回収・返金などの問題に発展してしまうことがあります。

製品レギュレーションについては各社が公式のドキュメントを提供しているケースがほとんどですので、リーダーは必ず事前に目を通しておくようにしましょう。

再編集に向けたデータ調整

これでいよいよ、静止画としてのUIデザインは完成です。ここまでの仕上げとして、FIXしたデザインを**再編集可能なデータへと調整**し、自分以外の担当者でも扱いやすい状態にしておきましょう。ここまでやることで、ようやくUIデザイナーのプロフェッショナルと言えます。UIリーダーは、メンバーや協力会社が作成したデザインデータについても確認するようにしてくださいね。

「再編集可能」の例を以下にまとめました。FIXデータがこのような項目をクリアしているか、一通りチェックしてみてください。

FIXデータ確認項目	チェック
デザインはすべてベクターデータなどで構成されており、拡大・縮小・回転などを行っても劣化しない状態になっている	□
レイヤーやレイヤーセットにはわかりやすい名前が付けられており、誰でも理解しやすい階層構造になっている	□
レイヤーは適切に分けられ、かつ必要に応じて調整レイヤーなどの動的な仕組みが使用されており、カラーバリエーションが必要になった時などに誰でも調整がしやすい構造になっている	□
外部からの参照画像は編集データ内に埋め込まれている、またはメンバー全員がアクセスできる環境に保管されており、編集が必要になった時には誰でも調整することができる	□
テキストはアウトライン化・ラスタライズされたデータだけでなく、編集機能を保持したテキストデータについても残されている	□
共通で使い回すパーツ類は、シンボル化やスマートオブジェクトなどの仕組みを採用しており、ベースのデータを修正すればそのパーツを使用しているすべてのUIに対して自動的に変更が反映されるような構造になっている	□
データはバージョン管理が可能な環境に保存されており、過去のバージョンに遡ってデータ内容を確認することができ、必要に応じてロールバックすることができる	□

再編集しやすいデータ構造サンプル

以下はPSDデータのレイヤー構造サンプルです。再編集しにくいものをNGサンプル、しやすいものをOKサンプルとしています。

NGサンプルでは画像がラスタライズ（ベクター画像をラスター画像に変換すること）されてしまっていたり、レイヤー名から画像の内容が推測しにくい状態になっているなど、後任の担当者（もしくは未来の自分）が再編集を行いづらい状態のデータになっています。

一方、OKサンプルではあらゆるレイヤーが非破壊編集可能な構造になっており、仕様変更などでサイズが変わったり、テキスト内容に変更を加えることになってもすぐに対応が可能です。

COLUMN

ツールのバージョンについて

開発に使用するツールのバージョンはチームで統一するようにしましょう。一部のメンバーのみ異なるバージョンを使用していると、新しいバージョンの独自機能を使用したデータ部分に不具合が発生するケースがあるため、要注意です。

また、ツール側でアップデートがあった場合は、まずリーダーが事前に検証する期間を設けることをオススメします。
新しいバージョンには、予期しない不具合が隠れている場合があり、確認せずにバージョンアップしてしまうと、それまで正常に編集できていたファイルが破損するなど業務に大きな支障が出る可能性があります。

筆者の場合は、Photoshopなどプロユースのアプリケーションであっても、基本的にリリースから1年以上経過したバージョンを使用するようにしていました。

06 動作と演出

次は、**プレイヤーの動作**と**演出**にかかわる部分のデザインです。

「Chapter 3 プロトタイピング」でも触れましたが、ここがUI、ひいてはゲームにとって最も重要といっても過言ではありません。ゲームは静的な映像作品などと異なり、プレイヤーが主体的に介入できる双方向的なエンターテインメントだからです。

ここで検討するべき内容、および順番は以下を参考にしてください。

1. **インタラクションに関する素材を用意する**
2. **画面のトランジション演出を作り込む**
3. **UIアニメーションを作り込む**
4. **UIエフェクトを作り込む**

それぞれ順を追って解説します。

インタラクション

まずは、条件に応じて見た目が動的に変化する**インタラクション要素**が含まれる部分から手を付けましょう。

例えば、ボタンなら「通常」時の見た目のほかに、以下のような状態が考えられます。

- **ホバーした時（Hover）**
- **押した時（Press）**
- **離した時（Release）**
- **押したままボタンの領域外に出てから離した時（Cancel）**
- **そもそも押せない状態の時（Disable）**

ボタンひとつ取ってもこれだけ素材が必要になり、アニメーションなどを入れる場合はさらに検討項目が増えます。

これらはしばしば開発終盤まで意識されないケースがあり、あとから重くのしかかってくることもある工程です。インタラクションに関しては早めにリストアップを行い、忘れないうちにタスク化しておくことをオススメします。

ボタン以外にも、

- **ステータスに応じてアイコンが切り替わる**
- **アバターのコスチュームをユーザーが着せ替えられる**
- **残り体力に応じてゲージ量が増減する**
- **セリフの長さに応じてフキダシのサイズが変化する**
- **勝敗によってリザルト画面のデザインが変わる**

……などなど、ゲーム中のインタラクション要素は無数に存在します。企画やエンジニアのメンバーとも連携を取り、必要な全素材を把握しておきましょう。

画面トランジション

続いて、画面を切り替える際の**トランジション演出**を作り込んでいきます。ここも忘れがちな部分ですが、ゲームフローを遷移させる際のわかりやすさを左右する重要な演出です。

トランジションを考える時は、「どのような**切り替え方**をどんな**条件**で再生するか？」という視点で検討するのがコツです。

例えば、「切り替え方」なら以下のような演出が例に挙げられます。

- **フェード**
- **スライド**
- **ワイプ**
- **ホワイトアウト、ブラックアウト**
- **スピン**

そして「条件」は、以下のような考え方をします。

- **アウトゲームフロー or インゲームフロー内では……**
- **イベントシーン中では……**
- **特定のメニュー内では……**
- **画面に入る時は or 画面を離れる時は……**

画面トランジションはUIデザイナー単独ではなく、エフェクトやエンジニアメンバーの協力が必要になるケースがあります。行いたい演出があれば事前に相談するようにしましょう。

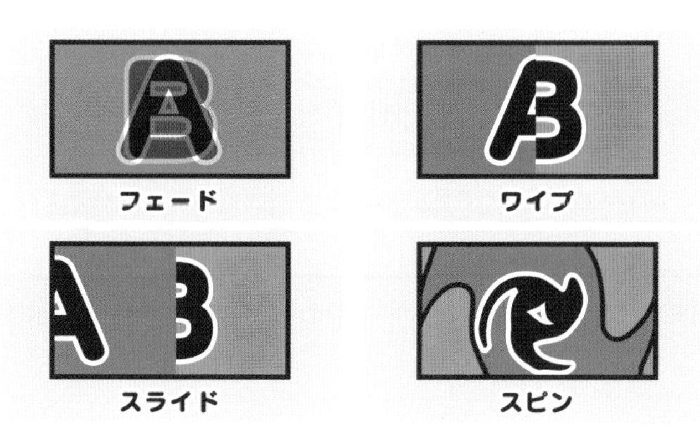

アニメーション演出

次に、UIの**アニメーション演出**を詰めていきましょう。

アニメーションによって操作感が心地よくなったり、ローディングの待ち時間を短く感じさせるなど、さまざまな効果が期待できます。ぜひ極めておきたい分野です。

アニメーションは非常に奥が深く、専門の良書がたくさん出版されています。くわしくはそちらを参考にしていただければと思いますが、UIにアニメーションを付けるうえで考慮しておきたいのは以下のようなポイントです。

ポイント	説明
フレームレート	UIアニメーションのフレームレートは何fpsか？　可変フレームレートなら、fpsの最小〜最大はどのくらいの値か？
実装上の制約	アニメーションを付けるうえで実装上の制約はあるか？（下記は一例） ● 同時に動かせるオブジェクトの数 ● 重ねられるアルファ付きテクスチャの数 ● ひとつのオブジェクトに対して打てるキーフレームの数
流用	一度作ったアニメーションをほかのオブジェクトに対して使い回すことは可能か？
タメ・ツメの有無	アニメーションはリニア（等速）で変化させるのか、それともタメ・ツメ（緩急）を用いるのか？ ※前者はシステマチックな印象を与え、後者はリッチな印象を与える
予備動作の有無	変化を始める際や、変化が終わる際、予備動作を用いるのか？ ※予備動作を用いると有機的でダイナミックな印象を与える
オブジェクトの基準点	回転やスケールアニメーションを行う際、動きの基準点をUIデザイナーが自由に設定したり、あとから変更することは可能か？

ポイント	説明
アルファ	複数のオブジェクトが重なっている状態でアルファ（透明度）にアニメーションを付けると、個々のオブジェクトの不透明度がそれぞれ独立して変化するのか、それともひとつのまとまりとして変化するのか？ 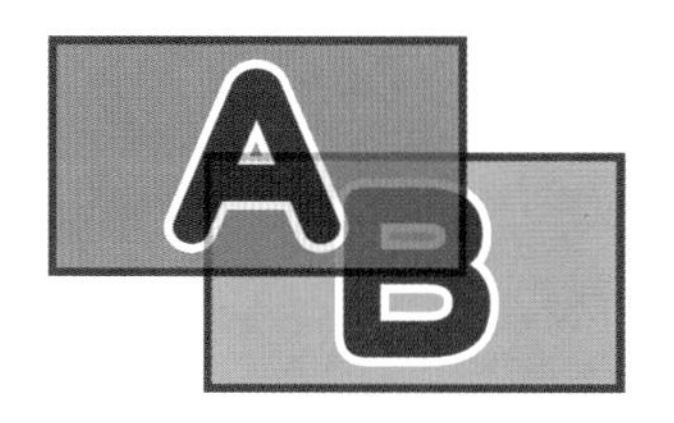 
サウンド	UIアニメーションへのサウンド指定・実装はどこのセクションが行うのか？　また、アニメーションの内容を変更した時、サウンドセクションへの連絡は必要か？
製品上の制約	製品レギュレーション上、禁止されている表現はあるか？（下記は一例） ● 激しい光効果の点滅表現 ● 急激な画面トランジションの切り替え ● 異なる輝度の規則的なパターンアニメーション

UIエフェクト

アニメーションとは別に、**UIエフェクト**についても検討しておきましょう。

そもそも、エフェクトはその内容や表示箇所ごとに担当セクションが変わります。主に専門のエフェクトメンバーや3Dメンバー、そしてUIメンバーが担当するケースが多いですが、UIと絡めた演出はUIエフェクトとして表現するのがコントロールしやすいでしょう。事前にどのセクションが担当するべきか相談しておくことをオススメします。

以下のようなエフェクトはUIが作成するケースが多いです。

- **文字素材を使用するエフェクト**
- **モバイルデバイスにおけるタップエフェクト**
- **UIの描画深度を横断するようなエフェクト**

逆に、モデルと絡むエフェクトやパーティクルエフェクトなどは別セクションが担当するケースが多いです。

UIエフェクトを作成する際の注意点としては**処理負荷**や**描画負荷**です。一度に大量のオブジェクトを生成したり広範囲に描画したりすることで、フレームレートの低下が発生するなどの問題が起こります。

こういったことを避けるため、UIエフェクトについても実装上の制約を確認しておくようにしましょう。

デザインチェック時のファイル形式

デザインのクオリティチェックを依頼する際は、以下のような点に留意してください。

- **圧縮により画質が劣化する形式（JPGなど）は避ける**
- **ファイルサイズが著しく大きい形式（BMPなど）は避ける**
- **一般的な画像ビューアーで表示できない形式（AIなど）は避ける**

せっかくこだわってデザインしたUIですから、チェックしてもらいやすい形式で提出しましょう。筆者の場合は、比較的ファイルサイズが軽量で、フルカラーを扱うことのできる汎用的な画像形式。「PNG」を使用するケースが多いです。

リーダー メンバー 企画 エンジニア

07 UIビジュアルチェックリスト

一通りのデザイン工程、お疲れさまでした！

本章の締めくくりとして「UIビジュアルのOK・NGサンプル集」を用意しました。UIの仕上がりをチェックする際、参考にしてみてくださいね。

なお、実際のUIは「前後のフロー」や「アニメーション・サウンドなどを含めた演出」によって良し悪しが変わります。

一概に静止画のみで判断することは難しいため、本書では以下のような「UIのビジュアル（見た目のデザイン）」に的を絞って解説していきます。

1. **まずどこを見たらいいかわかりますか？**
2. **情報量はちょうどいいですか？**
3. **目が疲れませんか？**
4. **操作できる部分がわかりますか？**
5. **何回も繰り返し使えますか？**
6. **ハードウェアに最適化されていますか？**
7. **一貫性はありますか？**
8. **世界観を守っていますか？**
9. **製品クオリティを満たしていますか？**

それぞれ見開きで、左ページにNG画像とNGポイントを挙げ、右ページにOK画像と改善ポイントを掲載しています。各項目のサンプルはそれぞれ独立したトンマナになっていますので、どのページからお読みいただいても構いません。

チェック① まずどこを見たらいいかわかりますか？

NGサンプル

ユーザーがそのUI（もしくは画面全体）を表示した時に「最初にどこを見るべきか」がきちんと伝わるデザインになっていますか？

まずは、何より**1番に伝えたい情報を確実にユーザーに届けることを意識**してみましょう。それができれば、2番目・3番目以降の誘導もできるようになっているはずです。

このサンプルでは、メニュー内の「ミッション」項目の視認性優先度を1番高くしたいのですが、現状ではそうなっていません。

以下のようなNGポイントが悪さをしているようです。

- **要素が全体的に同じサイズになっている**
- **装飾などによる要素の差別化ができていない**
- **メニューが「選択できそうな見た目」になっていない**
- **背景のグラデーションにより、画面中央に視線が誘導されてしまう**

いきなり「何をすればいいか」わからない……

● OKサンプル

それでは、OKサンプルを見てみましょう。NGサンプルから要素の内容は変えていませんが、ビジュアルデザインによって「最初に見てほしい部分」、つまりこちらのケースでは「ミッション」であることが明確になったかと思います。

主に以下のポイントを改善することで、視認性優先度をコントロールしています。

- **要素のサイズ差にメリハリを付けた**
- **アクティブ状態のメニューに装飾を加え「選択できそうな見た目」にした**
- **背景のグラデーションを２色の線形にし、視線誘導が上→下へ流れるよう促した**

ユーザーにとって、いきなり迷ってしまうUIは非常にストレスになります。細部のこだわりも大切ですが、まずはパッと見ただけで直感的に何をすればよいのか理解できるデザインを心がけましょう。

視認性優先度をきちんと設計しましょう！

チェック② 情報量はちょうどいいですか？

NGサンプル

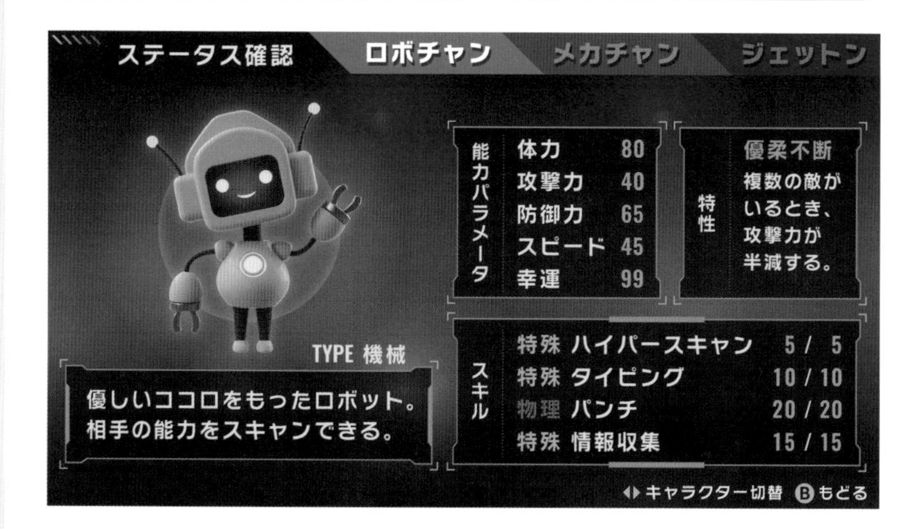

人間の脳が一度に処理できる情報量は、それほど多くありません。もし、たくさんの情報をユーザーに与えたいのであれば、同時に表示する情報量をきちんとコントロールし、適切なタイミングで欲しい情報を与えてあげることが望ましいです。

このサンプルでは、テキスト情報が非常に多くなっていますね。以下のようなNGポイントに注目してみましょう。

- **あらゆる情報をすべてテキストで表記している**
- **パラメータ情報が数値で表記されており、直感的に理解しにくい**
- **UI表現による情報の段階的な表示が設計されていない**

UIの要素や情報に変更を加える場合は、必ず企画セクションと相談しながら進めるようにしてください。くれぐれもUIセクションのみで変更してはいけません。

うわっ！文字ばっかりになっちゃった……

○ OKサンプル

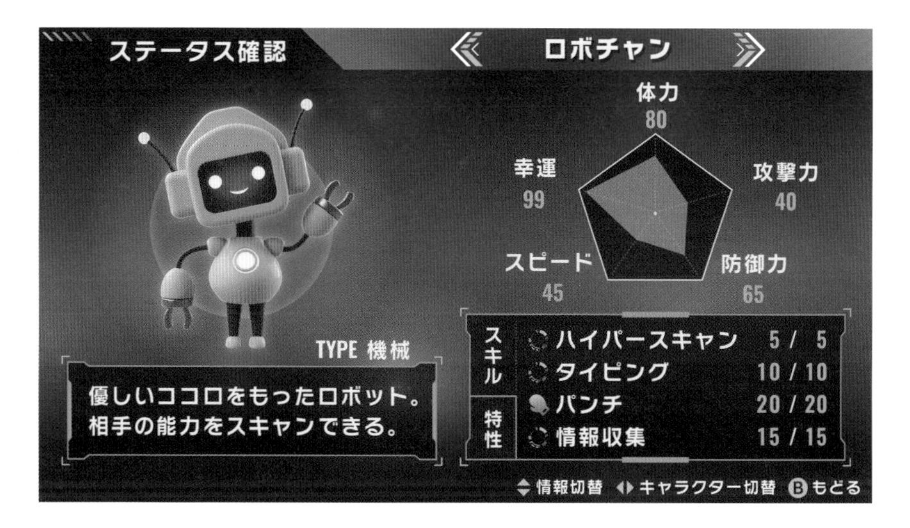

こちらがOKサンプルです。情報としては同じ内容を表示していますが、UI表現を使い分けることで段階的に情報を得られる構造を実現しています。

具体的には、以下のようなポイントを改善しています。

- **ゲームプレイにおける意思決定の際、不要な情報は非表示にした**
- **パラメータ情報をグラフィカルな表現に変更した**
- **一部のテキスト表現を、アイコン表現に変更した**
- **タブUIを使用し、常時表示する必要のない情報の切り分けを行った**

情報はついつい詰め込みたくなりがちですが、開発者とユーザーの理解度には大きな差があることを忘れないようにしてください。そのUI上において「本当に必要な情報」だけを厳選するようにしましょう。

情報の精査＆UI表現を適切に使い分けてみて！

チェック③ 目が疲れませんか？

NGサンプル

UIはたいていの場合、長時間注視されるケースが多いです。そのため、ユーザーの目にかかる負荷を少しでも軽くしてあげることが大切です。

このNGサンプルのようなUIではすぐに目が疲れ、ゲームをプレイするのがイヤになってしまいますね。どういうポイントに気を付ければよいのかを見ていきましょう。

- **すべての要素が主張してしまっている**
- **使用しているカラーの彩度が高く、色数も多い**
- **一部のテキストと背景色のコントラストが弱く、テキスト情報を視認しづらい**
- **グラデーションを多用しており、かつ使用している色の差が強すぎる**

にぎやかな雰囲気を目指そうとした結果、このような主張が強すぎるデザインになってしまうことはよくあります。それでは、どのように改善していくのが良いでしょうか。キーワードは「引き算」です。

このUI、ゴチャゴチャして目が痛いよ～！

◎ OKサンプル

要素の内容やサイズを大きく変更しなくても、色味やコントラストに注意を払うだけで、認知負荷をグッと下げ、快適なデザインに整えることが可能です。

OKサンプルの改善ポイントは以下の通りです。

- **視認性優先度に応じて、主張しなくていい要素は表現を抑えた**
- **使用カラーの彩度を落とし、色数も絞った**
- **テキストと背景色のコントラストに差を付け、視認しやすくした**
- **グラデーションは目立たせたいポイントのみに使用し、色の差も抑えた**

デザインは足し算よりも、引き算するほうが難しいものです。画面がゴチャついてきた時は視認性優先度の再確認を行い、要素や色数を減らしていくことを意識してみてください。

要素やカラーは増やしすぎないこと！

チェック④ 操作できる部分がわかりますか？

NGサンプル

ゲームは「ユーザーが操作できる」エンターテインメントです。そのため、どの部分が操作できるのか、つまりインタラクション要素はどこなのかを、ユーザーに直感的に理解してもらう必要があります。

このサンプルにはボタンや入力フォームが含まれていますが、どの部分が操作可能なのかがイマイチ伝わりにくいデザインになっています。

- **ボタンが「押せそう」な見た目になっていない**
- **検索ボックスの入力可能エリアがそれらしく見えない**

UIデザインには「らしさ」が必要です。ユーザーは過去の経験をもとに「ここは押せそう」などの判断をします。どのようなビジュアル表現を取り入れると、UIが「らしく」見えるのでしょうか。さっそくOKサンプルを見てみましょう。

これってボタンだったんだ！ 気づかなかった……

◎ OKサンプル

さりげない調整ですが、グッと「らしさ」がアップしていると思いませんか？　ボタンはボタンらしく、フォームはフォームらしく、それぞれデザインの「お作法」が存在します。

このサンプルでは、以下のようなポイントを意識して改善しています。

- **ボタンに立体感を加えることで「押せそう」なビジュアルにした**
- **ボタンに矢印の意匠を加えることで、遷移があることを予期させるビジュアルにした**
- **入力フォームと検索ボタンの装飾を揃え、関連性のある印象を強めた**
- **入力フォームにプレースホルダーテキストを表示し、何の情報の入力を促しているかが伝わるようにした**

工夫のしどころはいくらでもあります。世の中の製品やサービスを観察し「らしさ」のポイントがどこにあるのか見極め、デザインに取り入れてみてください。

操作する前に「できる」と伝わることが重要！

チェック⑤ 何回も繰り返し使えますか？

NGサンプル

UIは基本的に何度も繰り返し使うものです。ゲームのフローにもよりますが「10回、100回、10000回でも使えるか？」という視点でチェックするようにしましょう。

手間のかかる操作手順やスキップできない冗長な演出アニメーションなど、開発者目線ではつい甘く考えてしまいがちですが、繰り返しプレイするユーザーの姿を想像しながら、厳しくチェックすることをオススメします。

例えば、以下のようなNGポイントに留意してみてください。

- **毎回、尺の長い演出アニメーションが再生され、かつスキップできない**
- **要素と要素の距離が離れており、タップやクリック操作の場合には手間がかかる**
- **「カード選択」が左右操作のみのため、任意のカードの情報を確認するのに手間がかかる**

本サンプルのケースでは、どのように改善するべきか見ていきましょう。

繰り返し遊んでるとストレスが溜まるなぁ……

OKサンプル

繰り返し使いやすいかどうかは、ハードウェアやプラットフォームの形態により異なります。

本サンプルでは以下のような方針で改善しています。

- **演出のスキップ処理を追加し、すぐに結果を表示できるようにした**
- **要素と要素の距離を近づけ、タップやクリックによる操作コストを下げた**
- **要素を田の字型に整列させ、十字キー入力を受け付けることにより、任意のカードを選択しやすくした**

また、「初回と2回目以降で処理を変える」「ユーザーのステータスに応じて処理を変える」といった仕様を取り入れることで解決できるケースもあります。企画・エンジニアメンバーにも相談しながら、ユーザーフレンドリーなUIを目指しましょう。

開発序盤から考慮しておくことが重要！

チェック⑥ ハードウェアに最適化されていますか？

NGサンプル

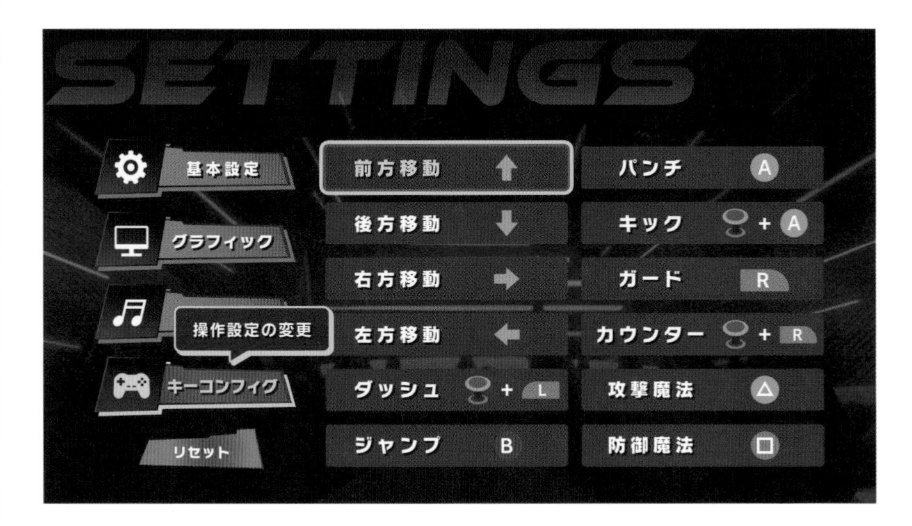

昨今のゲームはマルチプラットフォーム対応が一般化しています。くわしくは「Chapter6 レベルアップ」でも解説していますが、リリースするハードウェアごとに最適な操作に対応できているかを確認しましょう。

このサンプルには、以下のようなNGポイントが含まれています。

- **「A・B」と「△・□」など、異なるハードウェアのキー画像が混在している**
- **「方向キー」画像と「スティック」画像が混在している**
- **ホバーによるツールチップはマウス操作には向いているが、ゲームパッドやタッチ操作には適していない**

さて、このようなケースではどのように対応するのが適切でしょうか。一例として、次ページのOKサンプルを見てみましょう。

特定のハードだけすごく遊びにくいなぁ……

◎ OKサンプル

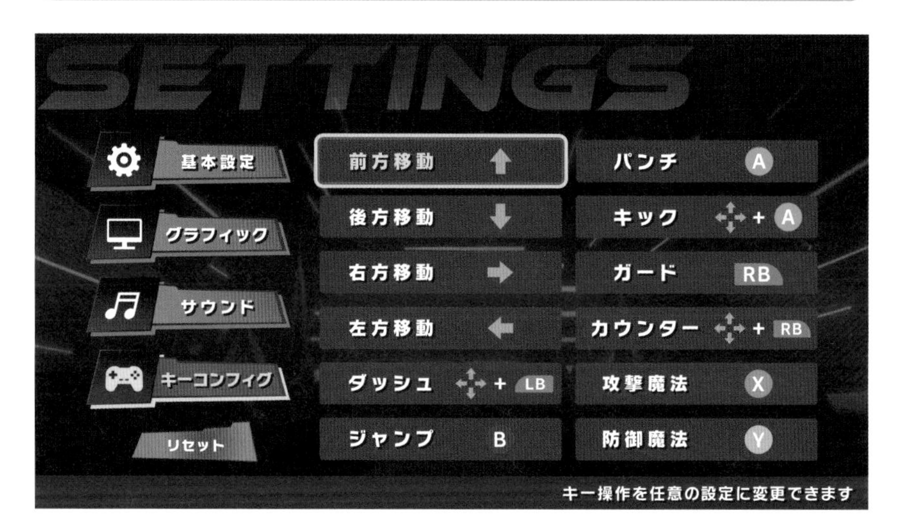

工数や予算に余裕があれば、プラットフォームごとに仕様を分け、各ハードウェアに最適化されたUIを個別にデザインするのが理想的です。ただし、実際はそこまでコストをかけられずに共通化しながら進めるケースもあるでしょう。そのためには、初期の設計がとても重要です。

このサンプルでは、以下のようなポイントを意識して改善しています。

- **キー画像について、リリース環境に合わせた画像で統一した**
- **汎用的な方向キー画像で統一することで、ハードウェアごとの対応コストを下げた**
- **ツールチップUIではなく、選択中の項目に関するヘルプテキストを画面下部に表示する仕様に変更した**

ハードウェアに関する表示は、プラットフォームごとに定められたリリース規定に違反する可能性がありますので、入念にチェックするようにしましょう。

操作感はテストプレイでも確認しましょう！

チェック⑦ 一貫性はありますか？

NGサンプル

UIは各フローおよび画面内での一貫性が保たれていることが重要です。ここがチグハグになっているとユーザーからの印象が悪くなり、ゲーム全体の品質イメージが損なわれてしまいます。

このサンプルには、以下のようなNGポイントが含まれています。

- **アイテム説明テキストのシソーラスに一貫性がない**
- **アイテムアイコンのトンマナに一貫性がない**
- **ゼロサプレスとゼロパディングが混在している**
- **同一の情報を表すUIで、意味もなく異なるカラーを使用している**

テキストのシソーラスなどは、企画メンバーとも相談しながらルールを決めていきましょう。

テキストも絵柄もバラバラで、雑に見えちゃう！

OKサンプル

OKサンプルでは、以下のポイントを改善しています。

- **テキストのシソーラスを統一した**
- **アイテムアイコンのトンマナを統一した**
- **数値部分についてはゼロサプレス表記で統一した**
- **同一の情報を表すUIについてカラーを統一した**

本サンプルではひとつの画面内における一貫性についてチェックしていますが、フローをまたいだ際にも一貫性を保てているかどうか意識してみてください。

また、クオリティという点では「ひとつの画面が突出していて、ほかの画面は微妙……」という状態よりも、「全体的にそれなり」を目指すほうがUIとしては正解に近いケースもあり得ます。プロジェクトストーリーや、メンバーのスキルセットも踏まえて、最終的なクオリティコントロールを進めていきましょう。

画面・フローともに一貫したトンマナを！

チェック⑧ 世界観を守っていますか？

NGサンプル

ゲームのUIは「使いやすさ」だけでなく、「世界観を守っているか？」という視点でチェックすることも大切です。特にIPタイトルでは、ユーザーが原作の世界観に浸りながら快適なゲームプレイを実現できるようにデザインしていきましょう。

このサンプルには、以下のようなNGポイントが含まれています。

- **フォントの字形に統一感がなく、世界観に合っていない**
- **ステージ画像のテイストがバラバラで、背景やUIのトンマナともマッチしていない**

世界観を守れるスキルは、そのまま「トンマナを守れるスキル」に直結するため、トンマナを参考に新しいUIを量産したり、別のタイトルを引き継いだりする際にも重宝します。

特にUIメンバーは、リーダーが構築したトンマナをよく観察し、それを守りながらデザインするように努めましょう。

クオリティは悪くないけど、なんだか違和感……

◯ OKサンプル

オリジナリティを重視するデザイナーほど、既存の世界観やトンマナに合わせることに苦心するケースもあります。単に「クオリティの高い」デザインを新しく作ることは可能ですが、それはプロのUIデザイナーとしてふさわしいでしょうか？　ユーザーが求める「らしさ」を提供できているでしょうか？　じっくり考察してみてください。

このサンプルでは、以下のポイントを改善しています。

- **フォントを世界観に合わせた字形に変更した**
- **ステージ画像のテイストを、背景やUIのトンマナに合わせて変更した**

世界観については、実用的なサービスのUIデザインではあまり意識しないポイントかもしれません。ゲームというエンターテインメントだからこそ練り込める部分ですので、ぜひ楽しみながらさまざまな工夫を凝らしてみてください。

世界観やトンマナの不一致を疑ってみましょう！

▶チェック⑨ 製品クオリティを満たしていますか？

NGサンプル

最後は「製品としてのクオリティ」を満たしているか確認しましょう。ここをクリアしなければ、ゲームをリリースすることはできません。プラットフォームごとに細かくルールが定められているケースもありますので、特にリーダーは開発序盤から意識しておくことをオススメします。

このサンプルには、以下のようなNGポイントが含まれています。

- **アルファベットのテキスト内にスペルミスがある**
- **「オプション」がセーフエリア外の領域に配置されている**
- **権利表記（コピーライト表記）の記載が漏れている**
- **背景画像の解像度が低く、画質が荒れている**

ここまで来れば完成まであと一歩です。最後まで気を抜かずに調整していきましょう！

この状態ではリリースさせられないよ！

◯ OKサンプル

本サンプルでは、以下のポイントを改善しています。

- **テキストのスペルミスを修正した**
- **重要な要素がセーフエリア内に収まるよう配置を調整した**
- **適切な権利表記（コピーライト表記）を記載した**
- **背景画像が荒れないよう、適切な解像度に調整した**

お疲れさまでした！　これにて「UIビジュアルチェックリスト」は一通り終了です。

本節ではビジュアル面のみのチェック内容に留まりましたが、実際は前後のフローや要件、要素の構成などにより、さらに多角的なチェックが求められます。

最終的にはユーザーのプレイ実績こそがUIの最終評価になりますので、リリース後も反応を見ながら調整を繰り返し、よりよいUIにアップデートしていきましょう！

プロとして守るべきクオリティがあります！

Chapter 4

デザイン まとめ

まずはしっかり下準備を！

いきなりデザインを始めるのではなく、デザインに使用するツールや、チーム内でのルールといった事前準備を行いましょう。ゲーム開発は長期化するケースがほとんどです。ここの基盤を固めておくことで、複数メンバーでの開発にも耐えられる強いチームを作ることができます。

少しずつ解像度を上げていく！

UIデザインは細かいパーツも多いため、いきなり局所的なデザインを追求してしまいがちです。しかしそこをグッとこらえて、ラフ→本デザイン→動作・演出へと少しずつデザインの解像度を上げていくことで、手戻りを最小限に抑えることができ、最終的なブラッシュアップにかける時間を確保することに繋がります。

神は細部に宿る！

最後は時間の許す限り、しっかりクオリティアップにコストをかけましょう。そうして積み上げたひとつひとつのこだわりは、必ずユーザーにも伝わります。何度も繰り返し使うことになるUIだからこそ、細かい部分に気を抜かず仕上げることで、ユーザーのプレイ体験を向上させ、ゲーム全体の品質の底上げに貢献することができます。

1ピクセルにこだわり抜く
魂の手仕事、ここにあり！

Chapter 5

実装

UIは「実装」されて初めて使えるようになります。
プログラムにも密接にかかわるパートですので、
エンジニアメンバーと二人三脚で開発を進めていきましょう。
机上のデザインが実際にゲーム上で動き、
ユーザーが使いこなしている姿を見るのは感動しますよ！

リーダー　メンバー　企画　エンジニア

01 実装ことはじめ

筆者は「実装」がゲーム開発の醍醐味であると感じています。もちろん、デザインを考えている時も非常にワクワクしますが、それはまだ絵に描いたモチ。**UIはゲーム内に実装されて初めて、ユーザーに触ってもらえる**のです。つまり、実装してからのブラッシュアップ工程が、ある意味、本来の「UIデザイン」であるとも言えます。

実装においては、数字や計算を扱う作業が多くなります。インタラクション要素が含まれる場合はプログラムによる処理も必要になりますので、エンジニアとの連携が大切です。データを渡して丸投げ……ではなく、一蓮托生という意識をもって取り組みましょう。

また、UIデータについては企画メンバーがパラメータの調整などを行うケースもあります。うまく作業を分担し、お互いのジャマをしないように進めていきます。

重要なことは、**UIデザイナーが主体的に実装にかかわる意識をもつ**ことです。そうすることで、チームでの開発が楽になったり、のちの拡張性が広がったり、ブラッシュアップにしっかり時間を取ることができるようになり、いいことずくめです。

数字やプログラムに苦手意識がある方も、まずは興味をもつところから。そして、すでに実装の経験が豊富にある方は、本章を読み進めることでさらに高みを目指していただけるかと思います。一緒にスキルアップしていきましょう！

実装はプロジェクトによって大きく手順が異なりますが、おおむね以下の流れは共通です。エンジニアがルールを定めているケースがほとんどですので、報告・連絡・相談を徹底しながら、効率よく進めていきましょう。

1. **エンジンやツールの事前ラーニング**
2. **レギュレーションの確認**
3. **実装データの作成**
4. **UI仕様書作成**
5. **データの受け渡し**
6. **実装確認・調整**

それぞれの工程については次ページ以降でくわしくご紹介していきます。

COLUMN

数学の勉強って必要？

時々「UIデザイナーになるには、数学の知識が必要ですか？」という質問をいただきます。
確かに、他のビジュアルセクションと比較して数値や計算を扱うケースは多いかもしれません。三角関数やベクトル、サインカーブ（正弦波）といった用語を理解していると、UIアニメーションなどの実装時に役立つこともあります。
ですが、どちらかといえば数学の知識よりも、コンピューターやソフトウェアの仕組みを勉強するほうが、ゲームUI開発においては有用であると感じます。
CPU・メモリ・ハードディスク・ビデオカードといった基本的な装置や、制御・演算・記憶・入力・出力といったデータ処理のための機能などは、デザイナーでも一通り基礎知識として押さえておくとよいでしょう。そうすることで、効率的なデータ作成や不具合発生時の対処がしやすくなります。

リーダー メンバー 企画 エンジニア

02 事前ラーニング

まずは実装に使用する環境やツールなどについて学んでいきましょう。これらはすべてUIデザイナーの武器になります。

最初に一通りの機能に触れてみて、どういうことが実現できるのか、逆にできないことは何なのかを把握しておくと、表現の幅が広がります。

そしてリーダーは、これらのポイントをドキュメント化しておき、メンバーに周知することも忘れずに。

ゲームエンジン

最初に把握しておく必要があるのは、ゲームを動かす根幹である**ゲームエンジン**です。ゲームエンジンとは、ゲームを形づくるための機能がパッケージングされたプログラムの総称のことを指します。

● Unity
URL https://unity.com/ja

● Unreal Engine
URL https://www.unrealengine.com/ja/

汎用的に使用されている「Unity」や「Unreal Engine」といった製品が有名ですが、開発会社によっては独自の内製エンジンを使用しているケースもあります。

エンジンの種類によってUIの実装フローも変わります。パッケージの中にUIを作るためのツールがバンドルされている場合がほとんどですが、外部のツールを使って実装することもあります。

UI開発では、たいていツールが異なっていても似たようなプロパティ（属性）を扱います。例えばオブジェクトの位置を決める「座標」や、回転させる「角度」、拡大縮小率の「スケール」などです。これらを覚えておけば、ツールが変わってもスムーズに開発に移れます。始めは聞き慣れない用語が多いかもしれませんが、繰り返し設定していくうちに身に付いていきます。

▶ツールやプラグイン

次に、**ツール**や**プラグイン**について学んでおきましょう。これらは開発の効率を上げてくれたり、既存のツールに機能を追加してくれたりする便利なものです。

前項のゲームエンジンにインストールしたり、外部ツールとして組み合わせて使ったり、Photoshopなど既存のアプリケーションにアドオンするものなど、さまざまな種類があります。

こちらも、会社によっては社内のエンジニアが開発した**ハウスツール**を使用している場合があります。その場合は内製なので、要望を出せば機能をアップデートしてくれるなどのメリットがあります（誰もハウスツールを保守していない、というケースもありますが……）。

以下に、筆者が過去のプロジェクトで活用していたツールの一例を記載しておきます。

- **画像データのファイルサイズを軽量化するツール**
- **PSDデータをUnreal EngineのUIデータ向けにエクスポートするツール**
- **Photoshopが標準でサポートしていないファイル形式を扱えるようにするプラグイン**

フリーソフトの取り扱いについて

インターネット上には、有志が開発しているフリーソフトやツールがたくさん出回っています。これらを業務で使用する場合は注意が必要です。

中には商用利用を禁止しているもの、費用を支払う必要があるものなどがあり、無断で使用すると法的な責任を問われるケースがあります。また、コンピューターウイルスやスパイウェアなどの脅威にさらされる危険性もあります。

気になるツールがある場合は、開発元の情報やライセンス規約を確認のうえ、必ずプロジェクトの管理者やインフラ担当の部署へ事前に相談してからインストールするようにしましょう。

テクスチャ

UI開発ではほとんどの場合、**2D画像のテクスチャデータ**を扱います。

ここで押さえておきたいのは、ゲームエンジンで扱う画像データは普段なじみのある「JPGファイル」や「PNGファイル」ではないケースがある、ということです。

新しい形式の画像データを扱う際は、必ずそのファイル仕様・特性を理解しておきましょう。

例えば、Windows OS上の開発では「DDSファイル」という形式の画像データを扱うことがあります。このファイル形式は、圧縮方式の種類に応じて特殊な減色処理が行われ、画像の重要な部分（例えばキャラクターの顔など）が欠けてしまったりします。

そういったケースにおいては、画像形式の正しい仕様を把握しておくことにより、内容に応じた適切な対処をすることができるようになります。

また、ゲーム開発においては**中間ファイル・最終ファイル**という概念も要チェックです。

実は、デザイナーが画像編集ツールから出力した画像データがそのままゲームに使用されることは少なく、ほとんどの場合は途中の工程で画像の圧縮を行うためのツールや、ゲームエンジン上で変換が行われ、それらから出力されたファイルが最終的なテクスチャデータとして使用されるケースが多いです。そのため、デザイナーがいくらPhotoshopで修正を行っても、変更点がゲーム上に反映されない……といったことが起こります。

UIデザイナーは、開発の工程上、いつどのように画像ファイルが姿を変えていくのかを正確に把握しておく必要があります。適宜エンジニアメンバーにもヒアリングを行いながら、開発環境についての理解を深めていきましょう。

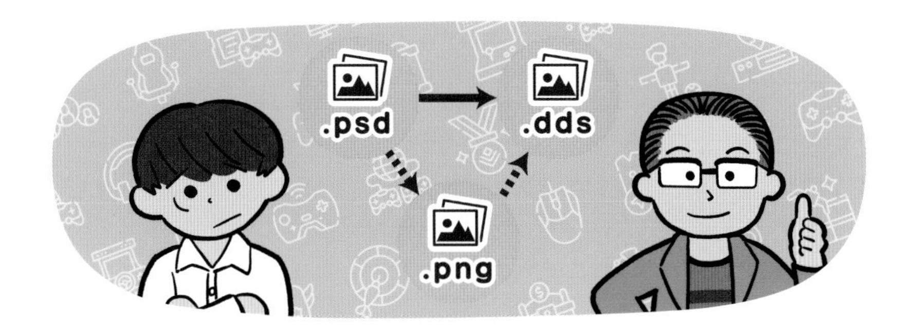

リーダー　メンバー　企画　エンジニア

03 レギュレーションの確認

今までの工程でもレギュレーションについて触れてきましたが、実装におけるレギュレーションは格段に重要性が高くなります。

もし守られていなかったら、最悪の場合**ゲームがリリースできなくなる**可能性すらあります。メンバー全員がしっかりとそのことを意識し、自分の作成したデータがレギュレーションに違反したものになっていないか、指さし確認を行うようにしましょう。

本節では主に「命名規則」と「データ仕様」について解説します。

命名規則

プログラムの世界では「名前」はとても重要な意味をもっています。ファイル名や、実装時に指定するオブジェクト名、IDナンバーなどです。

これらは、プログラムを扱わないセクションのメンバーが勝手に変更・削除してはいけません。ゲームが起動しなくなったり、突然停止したり、意図しない別の素材が表示されるなどの不具合が起こります。

また、ファイルやオブジェクトに新しく名前を付ける場合は、命名規則に従って設定していきます。エンジニアが命名規則のドキュメントを用意してくれているケースもありますので、必ず目を通しておきましょう。

プロジェクトによっては、UIリーダーが一部の命名規則を策定するケースもあります。その場合は既存の命名規則や他プロジェクトを参考に、レギュレーションを作ることをオススメします。

前章の「命名規則のレギュレーションサンプル（P.098）」を参考にしつつ、次ページのような点にも気を配ってみてください。

ルール項目	説明
本質的な名前	「見た目」で命名すると、デザインに変更が入った場合にリネームする必要が出てくるため、「本質的な機能」に着目して名前を付ける。 OK例：「Window_Menu（メニューウィンドウ）」「Icon_Weapon（武器アイコン）」 NG例：「Window_Left（左のウィンドウ）」「Icon_Red（赤いアイコン）」
大文字と小文字	アルファベットの「大文字」と「小文字」は別モノとして認識されるケースが多いため、命名の際は留意する。 例：「User_Interface」「user_Interface」「user_interface」はすべて別の存在として扱われる
開始番号	プログラムの世界では、数字は「0」から始まるケースが多いため、連番などの命名の際は留意する。 OK例：「Image_000」 NG例：「Image_001」
数字始まり	ゲームエンジンやプログラムの種類によって、数字から始まる名前はNGになるケースがある。 例：「000_Image」
予約語	ゲームエンジンやプログラムが事前に予約しているキーワードのことを「予約語」と呼ぶ。この予約語は命名上使用できないケースが多いので要注意。

プロジェクト内で頻繁に使用する単語については、エンジニアのほうで**略語リスト**を用意しているケースもあります。その場合は、そちらの内容に準拠して名前を付けていきましょう。

データ仕様

実装に使用するデータが仕様に沿ったものになっているかどうか、という点も重要です。例えば、同じ「PNGファイル」でも8bitと16bitでは扱える情報量やデータサイズが大きく異なり、レギュレーションに違反したデータを使用すると、ゲームが異常終了するなどの不具合が発生することがあります。

主に以下のような項目についてチェックしておきましょう。

- **ファイル形式（拡張子）**
- **ファイルサイズ**
- **ファイルの点数**
- **データ仕様（出力時の設定など）**

また、プラットフォームやハードウェアの仕様でデータの上限などが決まっているケースがあります。「ひとつの画面上で同時に表示できるテクスチャは○ピクセル×○点まで」というような制約がある場合は、それらも遵守するようにしましょう。

COLUMN

ゲームに実装できるデータ容量

ゲーム上に実装できるデータの容量には上限があります。デザインしたデータが無尽蔵に載せられるわけではなく、ゲーム全体およびフローごとに表示できる量が決まっており、これをオーバーするとゲームのインストールに時間がかかったり、ローディング時間が長くなったり、ゲームが進行しないといった問題が起こるため、注意が必要です。

特にスマートフォンなどのモバイル環境では、データの通信量が多くなることでユーザーが快適にゲームをプレイできなくなってしまうケースもあります。

それこそ、フィーチャーフォン（いわゆるガラケーのこと）が主流だった頃は「一画面に使用するデータの合計を100KB以内に収めること」というルールが推奨されていたような時代もあり、デザイナーは苦心しながらファイルサイズの削減に取り組んでいました。

将来的にネットワークの性能が向上することで、こういった課題は考えなくても済むようになるかもしれませんが、まだしばらくは留意する必要がありそうです。

リーダー　メンバー　企画　エンジニア

04 実装データの作成

事前の確認事項をしっかり押さえたら、いよいよ**実装データの作成**に入ります。画像編集ツールなどで作成したデザインデータを、実装用に出力・変換していく工程です。

ゲームエンジンの種類によって細部は異なりますが、おおむね共通している手順も多く、以下のような流れをイメージしてください。

1. **素材をゲームエンジンへインポートする**
2. **オブジェクトを実装する**
3. **インタラクションを実装する**
4. **演出を実装する**

それぞれの工程については次ページ以降でくわしく解説します。

実装の進め方としては、エンジニアが仮実装をしたものにデザイナーがあとから調整を加える**エンジニア主導のパターン**と、デザイナーがデータの主要な部分を作成しエンジニアに実装してもらう**デザイナー主導のパターン**があります。

どちらもメリット・デメリットがあるため、チームに合った効率のいい進め方を模索してみてください。大切なのは、どちらかのやり方を押し付けるのではなく、双方のセクションで相談して流れを決めることです。

なお、本節ではGUIによるUI開発ツール（グラフィカルにUI画面やパーツを編集できるツール）を使用する想定で解説を進めていきます。

素材のインポート

まずはゲームエンジンに必要な素材をインポートします。

Photoshopなどで作ったデザインデータは、いったん2D画像のテクスチャ素材として出力する必要があります。

テクスチャは解像度の大きさや点数がゲームの処理速度に直結しますので、無駄に肥大化させないように留意しましょう。

最適な出力設定はエンジンによって異なりますが、おおむね「パーツごとに1点ずつ別画像として書き出す」または「複数のパーツを1枚の画像にまとめて書き出す」どちらかのケースが多いです。後者の場合は、たいてい2の塁乗のテクスチャサイズ内に収まるよう、パーツ群をパズルのように配置していきます。これを**「アトラス化」**と呼びます。

汎用ゲームエンジンでは、単純な図形などについてある程度エンジン内で描画できる仕組みが備わっていますので、そういった素材はテクスチャに含めなくてもOKです。容量を節約することができます。

また、デザインによってはパーツを細かく分割しておき、エンジン上で配置する際にリピートやタイリング（繰り返し配置すること）によってテクスチャサイズを小さく済ませることができます。

出力したテクスチャデータは、必要に応じて**減色処理**を行います。こういったデータの削減に関するテクニックは、次章の「リダクション&リファクタリング（P.198）」でも解説します。

テクスチャデータが準備できたら、ゲームエンジンへインポート、または所定の場所へアップロードします。

エンジンによっては、インポート時にデータの種類を明示的に指定することで最適化を行ってくれるケースもありますので、ぜひ活用してみてください。

オブジェクトの実装

いよいよここから具体的なUIの実装に入ります。

まずは、UIにおける個々の**オブジェクト（パーツ）をスクリーン上に配置**していき、**プロパティを調整**して、意図通りのUIに仕上げていきます。

この「オブジェクト」は、UI開発ツールによって呼び名に違いはありますが、扱い方としては共通していたり、内部的には同じデータの型を指しているケースが多いので、適宜読み替えていただければと思います。

オブジェクト例	名称例
画像	Image、Sprite、Graphic、Plane
ボタン	Button
テキスト	Text、TextBox、String
テキスト入力フォーム	TextArea、TextBox、Form、Input
スクロールバー	ScrollBar
プログレスバー	ProgressBar、Bar、Gauge
コンテナ	Container、Layout、Panel、Group
ダミーオブジェクト	Dummy、Group

これらは一例で、実際にはさらに多種多様なオブジェクトが用意されているケースが多いです。ツールラーニングの際に、どんなオブジェクトの種類が扱えるのかを把握しておくと、効率的に開発を進められます。

また前項でも記載した通り、ツールによってはリピートやタイリングを使用した9スライスや、オブジェクトへ個別に着色を行うなど、プロパティの指定のみで表現の幅を広げることができます。オブジェクトごとに設定可能なプロパティが異なるため、こちらについても一通り網羅しておくことをオススメします。

インタラクションの実装

静的なオブジェクトの実装が終わったら、今度は**動的なインタラクション部分**の実装を進めていきましょう。

とはいえ、実際に処理を組み込むのはエンジニアが担当するケースが多いです。UIデザイナーは動的に表示が変動する部分についてのデータ一式や、デザイナーが主体的にコントロールする範囲についてのデータを作り、次節以降で解説する「UI仕様書」とともにエンジニアへ渡します。

筆者の場合は、UIをデザイナーの意図通りに動かす関数（プログラムの一連の処理をひとまとまりにしたもの）まで作ってしまい、それをエンジニア側で実装してもらうケースが多いです。

こういったワークフローが組めると、エンジニアの工数がデザインデータ待ちで無駄になることを防いだり、実装後に動的な部分も含めてUIデザイナーのみで調整することができるようになるため、非常に効率的です。

具体的なワークフローについては、以降のページで解説します。

インタラクションの実装ワークフローサンプル

ここでは、筆者が過去のプロジェクトで実施していたワークフローのサンプルを紹介します。

以下のような仕様をイメージしてみてください。

1. **ボタンを押して離したら、次のフローへ遷移する**
2. **ボタンが押されたら、ボタンの見た目を変える**
3. **ボタンが離されたら、演出アニメーションを再生する**

この例の場合、「1」の処理はエンジニアがコントロールしますが、「2」と「3」は見た目に関する処理であるため、UIデザイナーがコントロールできると効率よく作業を進めることができます。

そこで、次ページのような関数をUIデザイナー側で用意します（筆者の経験にもとづき、Unreal Engine 4でのビジュアルスクリプト例およびJavaScriptベースでのスクリプト例を記載します。皆さまの開発環境に合わせて適宜読み替えてください）。

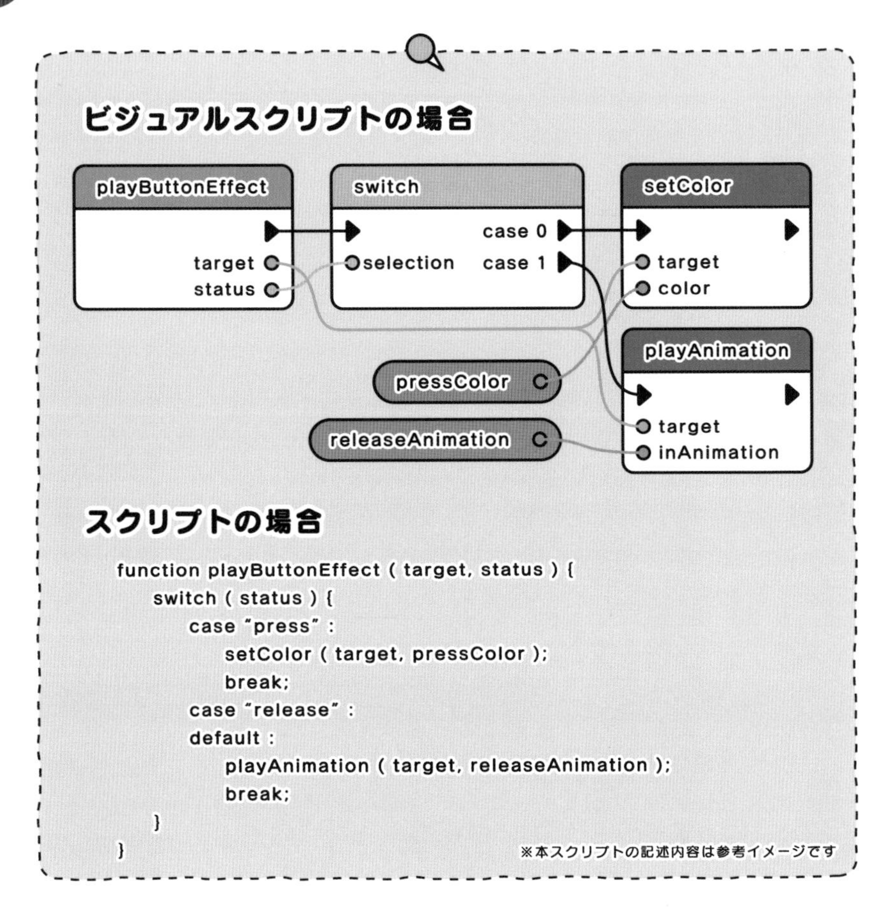

この関数をエンジニアに渡し、エンジニア側でコントロールする「1」の処理実行時に、UIデザイナー側の関数も実行してもらうようにします。

そうすることで、見た目に関する処理の変更を行いたい時は、UIデザイナーが上述の関数の内容を変更するだけで済み、いちいちエンジニアへ変更の依頼をしなくてもよくなります。

このようなワークフローを実施するメリットはほかにもあります。例えば、UIオブジェクトを規則的なアニメーションで動かす場合などは、ツールを用いて手作業でアニメーションを作成するよりも、スクリプトで記述したほうが短時間で実装が完了する、といったメリットがあります。

また、一度作成したアニメーションを修正する時にも、スクリプト内の値を変更するだけで済みますので、メンテナンス性が高いです。

ただし、こういった処理の部分をUIセクションが担当する場合、その内容に関する**責任範囲**は明確にしておきましょう。プログラムの知識が浅い状態で担当すると、思わぬ不具合が発生し収拾がつかなくなるケースも考えられます。

あくまで開発効率をアップさせるための手段のひとつですので、**無理のあるワークフローになってしまっては本末転倒**です。メンバーのスキルなども鑑み、エンジニアセクションと相談のうえ、プロジェクトにとって適切なワークフローを構築しましょう。

プログラムについて勉強したいなら

UIデザイナー（に限らず、ゲーム開発者全般）は、プログラミングの知識があると非常に開発を進めやすくなります。

そんなに深い内容まで踏み込まなくとも、**「変数」**や**「関数」**の概念を知っておくだけでとても強力な武器になりますので、ぜひとも身に付けておきたいところです。

ただし、初学者にはなかなかハードルが高く挫折してしまうケースが多いことも事実。筆者の場合、まったくの未経験の方であれば、**Webサイトの作成**を通して学習していくことをオススメしています。

1. **HTML（Webページの要素を指定するためのマークアップ言語）**
2. **CSS（Webページのスタイルを指定するための言語）**
3. **JavaScript（主にブラウザ上で動作させるプログラミング言語）**
4. **PHPなど（主にサーバ上で動作させるプログラミング言語）**

上記の順番でラーニングを進めていくことで、デザイナーは感覚的にプログラムの仕組みが理解しやすいかと思います。
併せて、自身のポートフォリオサイトやブラウザ上で動くオリジナルアプリケーションも作れるようになるため、一石二鳥です。

▶演出の実装

仕上げに、**UIアニメーションやUIエフェクトといった演出部分**の実装データを作成しましょう。

UIアニメーションであれば、オブジェクトの最初と最後の位置を補間する**キーフレームアニメーション**による実装が一般的です。前項の通りプログラミングの知識があれば、プログラムによる複雑なアニメーションの指定も可能です。

一方UIエフェクトは、上述のキーフレームアニメーションによって作成するケースと、**パーティクルシステム**などが搭載された専用ツールを用いて作成するケースがあります。

アニメーション・エフェクトともに、まずは映像編集ツールなどでイメージを固め、そのあとで実装用ツールに移行するのがオススメです。いきなり実装用ツールで作成を開始すると、ツール上の制約によってアイデアの幅が狭まったり、トライ＆エラーの速度が落ちてしまうことがあるためです。

最近はAfter Effectsなどのプロパティ情報をそのままゲームエンジンへもっていけるプラグイン類も充実していますので、こういったものを活用すればイメージ確認→実装の工程をスムーズに進めることができます。

COLUMN

GUIツールが存在しなかった頃のUI実装

その昔、UI開発は「デザイナーが素材を作り、レイアウト・インタラクション・アニメーションはすべてエンジニアが実装する」というワークフローで進められていました。

スクリーン上の配置座標やテクスチャアトラス内のスプライト範囲、アニメーションの変化量・フレーム数といった情報をすべてExcelなどに書いてエンジニアに渡します。
それらはハードコーディング（プログラム内で値を直接指定すること）され、デザイナー側では調整できないため、修正が発生するたびにエンジニアへ依頼する必要がありました。

今では、主要なゲームエンジンにはUI実装ツールがバンドルされていますし、UI用のハウスツールを充実させている会社も多いため、上記のような作り方をするケースは珍しくなりました。

なお、堅牢なシステムを実装する必要のある業界などでは、現在でもこういった実装手法を採用している現場もあります。

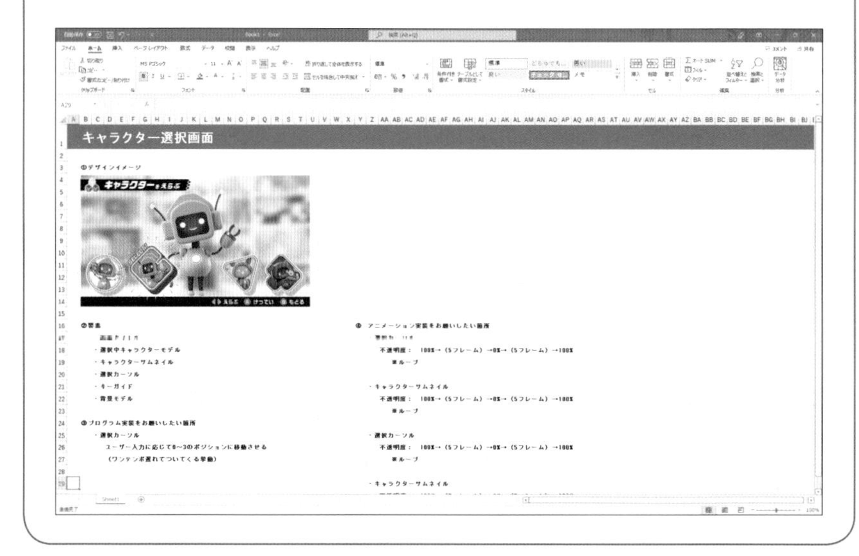

UI仕様書の作成

実装データの作成が終わったら、**UIの実装仕様書**を作成し、これらをセットにしてエンジニアへ渡しましょう。

「えっ、エンジニア側で何となくイイ感じに実装してくれるんじゃないの？」と思ったそこのアナタ、デザイナーも同じことを言われたら困ってしまいませんか？

UIの実装データに関しては、作成者であるUIデザイナー本人が誰よりも中身を理解しています（むしろ、作成者本人しかわかりません）。意図通り正確にUIを実装してもらうためには、この工程が必要不可欠なのです。

慣れればスムーズに書けるようになりますので、もうひといき頑張りましょう！

エンジニアに伝えるべき情報

エンジニアは、受け取ったUIデータに関して**プログラムでの実装が必要な箇所**を知りたいと思っています。静的な部分ではなく、動的な（インタラクションがある）箇所です。

例えば次ページのような項目です。

項目	名称例
ユーザーの操作	ユーザーが特定の操作をしたら、何かを行う。 例： ●タップ、フリック、スワイプ、ピンチ ●クリック、ダブルクリック、ドラッグ&ドロップ ●ボタン（キー）入力
特定の条件	特定の条件を満たしたら、何かを行う。 例： ●時間経過（n秒経ったら……） ●フラグ（特定のアイテムをもっていたら……） ●パラメータ（信頼度がいくつになったら……）
動的なテキスト	状況により内容が変化するテキスト。 例： ●ユーザー設定テキスト（プレイヤー名など） ●パラメータ（キャラクターのステータスなど）
動的な画像	状況により変化する画像。 例： ●アイコン（ステータスによる変化など） ●アバター（ユーザーが着せ替えられるなど）

主に**「どういう条件の時、UIがどういう状態になってほしいのか、その素材はどれのことなのか」**をエンジニアへ伝えましょう。

その際、具体的な実装の手法についてはエンジニア側が考えるため、細かく指示をする必要はありませんが、今後**変更する、または拡張する可能性**がある部分については共有しておくことをオススメします。

例えば以下のような項目です。

- **そもそも仕様が固まりきっていない仮実装部分**
- **数を増やす可能性がある部分（文字数やケタ数、画像の点数、ファイルサイズなど）**
- **データの種類が変わる可能性がある部分（テキスト→画像など）**

UI仕様書の形式は、デザイナーが作成しやすく、エンジニアが理解しやすいものであれば何でも構いませんが、頻繁に更新が入る可能性もあるため、バージョン管理は行うようにしましょう。

筆者の場合はConfluenceなどの社内Wikiか、クラウド上のExcelなどで受け渡しをするケースが多いです。

UI仕様書サンプル

以下は、筆者がUnreal EngineのUnreal Motion Graphics UI Designer (UMG)というツールでUI開発を行った時のUI仕様書のサンプルです。

こういったドキュメント形式を参考に、皆さまのプロジェクトに応じてカスタマイズしていってください。

「汎用ダイアログ」UI仕様書

◆概要

汎用的に使用するダイアログ。以下のバリエーションを想定。

・1 ボタン式ダイアログ
・2 ボタン式ダイアログ
・ボタン無しダイアログ

◆レイアウトイメージ

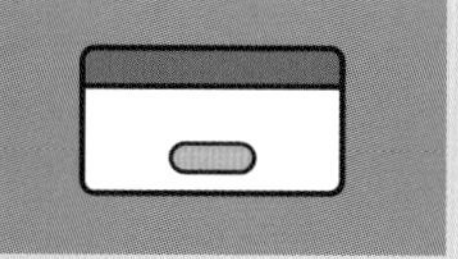
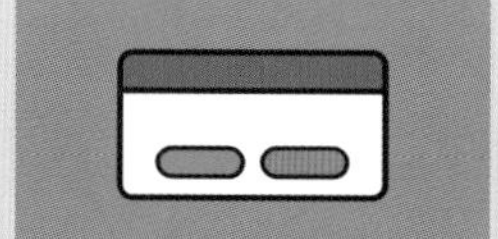
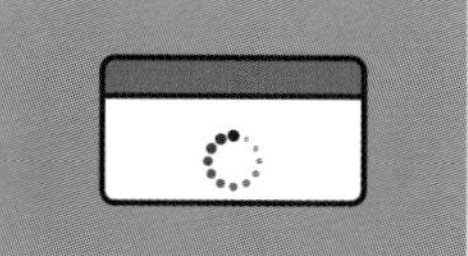

◆挙動仕様

・表示 / 非表示時は演出アニメーションを再生する
・表示時、本 UI より奥に表示されるコンテンツの視認性を下げる
・メッセージとして表示可能な文字数は「30 文字 ×3 行」（暫定）
・Disable ボタンはアクティブにならない（選択時はスキップする）
・ボタン無しダイアログは処理完了後、自動的に非表示化する
　➡処理が進行していることを示すための演出アニメーションをループ再生する

◆実装データ仕様

[WBP_Dialog]	
[Canvas Panel]	ルートオブジェクト
[Dim]	背景シェード効果
[Dialog]	ダイアログ背景画像
[ContentsWrapper]	コンテナ用オブジェクト
[Message]	メッセージテキスト（※任意のテキスト流し込み）
……	

リーダー　メンバー　企画　エンジニア

05 データの受け渡し・実装確認

実装データとUI仕様書の作成が終わったら、データを所定の場所へアップロードし、実装担当のエンジニアに連絡しましょう。実装が完了したら、意図通りの挙動になっているかどうかを必ず確認してください。

データの受け渡し

バージョン管理ツールを使用している場合は、コミット（サブミット）する際のルールを必ず守るようにしてください。例えば以下のような項目をルールとして設けている場合が多いです。

- **コミットする前に実機で確認を行う**
- **1回のコミットにつき同時にアップロードするファイルを適切に振り分ける**
- **コミット時のコメントを適切に記入する**

上記は一例ですが、これらのルールはチーム開発を進めるうえで非常に重要なものです。リーダーは、メンバーがこれらをキチンと守れているかどうか定期的に確認するようにしましょう。

また、更新内容によっては事前に実機で確認ができないデータや、ゲームがクラッシュ（異常終了）してしまうデータもあると思います。

こういったデータはそのまま開発環境にコミットするとチーム全体の手を止めてしまうことになりますので、エンジニアと相談のうえローカル上で受け渡しをするなどの手法も検討しましょう。一時的に表示がおかしくなるといった軽微な不具合であれば、チーム全体にその旨を共有しておいたうえでコミットを進めるのも手です。

実装確認

エンジニア側での実装が完了したら、想定通りの挙動になっているか、意図とズレているところはないか、必ず実際にゲームをプレイして**実装の確認**を行いましょう。

仕様を作成した企画メンバー、実装を担当したエンジニアメンバーと一緒に指さし確認することをオススメします。調整が必要な項目があれば洗い出し、タスク化しておきましょう。

開発期間中は何回も繰り返し実装確認を行うことになりますので、以下で説明するようなUI単体のテスト環境やデバッグコマンドがあると便利です。

UI単体テスト環境

特定のUIを確認するためだけに、毎回ゲームを最初からプレイするのは大変です。そこで、**UIを単体でテストできる環境**を用意しておきましょう。

汎用ゲームエンジンの場合はUIデザイナーが自由にテスト環境を作れる仕組みが提供されている場合もありますが、難しければエンジニアに依頼してみてください。

UIはトライ＆エラーの回数が多いほどクオリティを高めることに繋がりますので、繰り返しテストを行っても苦にならないチェックフローを用意することが大切です。

デバッグコマンド

ゲーム開発では**デバッグを効率よく行うための専用コマンド**をエンジニアが用意しているケースがほとんどです。例えば「一瞬でバトルに勝つコマンド」や「所持金をMAXにするコマンド」などです。

こういった機能は、たいていエンジニアが必要になったタイミングで実装したり、企画やデバッグのメンバーがエンジニアへ依頼することで実装されるケースが多いです。

UIはゲージや数値の増減、画像の切り替わりなど、あらゆるパターンでのチェックが必要になるセクションですので、デバッグに関する要望についても積極的に依頼していきましょう。

UIデザイナーが「本当に欲しい」コマンドは、他セクションには伝わりづらい場合もあります。しかし、少しの機能追加で開発がグッと楽になるケースも多いので、遠慮せずに相談してみることをオススメします。意外と「それ欲しかった！」というメンバーがほかにもいたりしますよ。

これらの機能は開発を効率的に進めるうえで欠かせないものですが、まれに「ゲーム本編フローでしか発生しない不具合」などに遭遇するケースもありますので、マイルストーンの節目などでは**通しプレイでもチェック**（ゲームを始めから終わりまで正しいフローでプレイすること）を行うようにしましょう。

ヒューマンエラーを防止しよう！

トヨタの「人を責めるな、仕組みを責めろ」という有名な言葉がありますが、これはゲーム開発やUIデザインにも当てはまります。

人間が開発している以上、何かしらのミスは避けられないものです。
そこで、処理の自動化などを行うことで、なるべく人間の手を介入させずに済むワークフローを作っておきましょう。
UIデザイナーが繰り返し行う作業、かつヒューマンエラーを防止するのに効果のある項目には、以下のようなものが挙げられます。

- **定常的に作成する素材のレギュレーション違反**
- **UI内に埋め込むテキストの表記やスペルミス**
- **ファイル名やレイヤー名などのリネーム作業**
- **一括トリミング、減色などの画像加工作業**
- **PNGやJPGといった画像変換作業**
- **実装レギュレーション違反**

ファイルチェック系であればOSの仕様にもとづいて自動処理を実行できますし、画像系は編集アプリケーション側で検知しエラーメッセージを出すといった対策も検討できます。

特定の作業フローやメンバー内でミスが目立つ時は、その作業を進めている「人」に問題があると考えるのではなく、まずは既存の「やり方」を見直してみましょう。

リーダー メンバー 企画 エンジニア

06 ブラッシュアップ

UIは「実装して一発OK！」となるケースはまれです。仕様を見直し、デザインを見直し、実装を見直すことで**よりよいUIになるようブラッシュアップ**を行います。

そもそも、ゲーム開発は異なるフローごとに実装を進めていく場合がほとんどですので、どのUIがどんなステータスで進行しているのか、UIセクション内ですらわからなくなってしまうことがあります。

開発終盤までメンバー全員が「ここ忘れてた！」という状況に陥らないよう、特にリーダーは各UIの実装ステータスを俯瞰でチェックしておくことが大切です。

UIの実装ステータス

UIは機能やパーツが細分化しやすいため、どこまで実装が完了しているのかわかりづらい状態になりがちです。それぞれのUIがどのような実装ステータスなのか、誰でも判別できるようにしておきましょう。

管理の方法は色々なやり方が考えられます。UIのリストを作りステータスを書き込むようにしてもいいですし、ゲーム画面上に「仮」という文字をダイレクトに表示してしまう、なんていう荒ワザでもOKです。チームにあった方法を検討しましょう。

実装ステータスの判別について筆者が過去のプロジェクトで実際に採用していた事例をご紹介します。

1. **UIの実装ステータスを４段階（A/B/C/D）に分けて状態を定義する**
2. **UIデータにステータスを入力するためのプロパティを設けておく**
3. **データコミット時に最新のステータスを入力する**
4. **ゲーム画面上でステータスが表示されるようにしておく**
5. **ステータスはデバッグコマンドで表示をON/OFFできるようにしておく**

この事例では、UIセクションだけでなく開発中のメンバー全員が「このUIはこういう実装ステータスなんだ」ということを理解できるため、とても効率がよかったです。

当時筆者のプロジェクトではUnreal Engineを使用していましたが、他のゲームエンジンでも類似の機能は実現できるかと思います。また、４段階の実装ステータスについては次章の「チェックフロー&フィードバック（P.203）」でも解説していますので、そちらも参考にしてください。

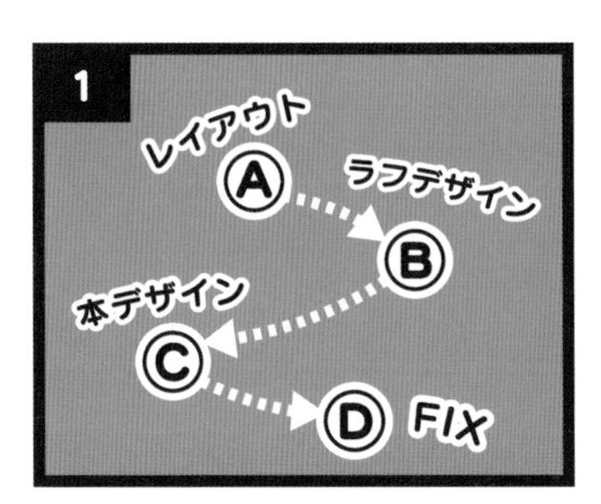

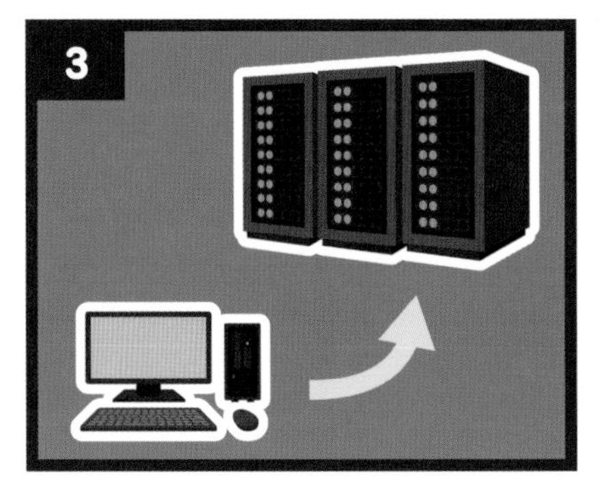

▶他セクションがかかわるフロー

ブラッシュアップは闇雲に進めるのではなく、計画を立てて実施していきましょう。より優先度が高いのは**他セクションとの協力が必要になるフロー**です。

リーダーはUI以外のセクションのスケジュールも意識する必要があります。エンジニアセクションに追加実装を依頼しようと思ったら手一杯だったり、エフェクトやサウンドセクションに修正を依頼しようと思ったらすでに他プロジェクトへ移っていたり……(会社組織でゲーム開発を行っていると、よくある話です)。

こういったことを防ぐためには、UIセクションのみで完結しないフロー部分を早々に洗い出し、**誰が、いつまでに、何をすればFIXできるのか**を関係者全員で指さし確認しておくことが重要です。

特に、エンジニアセクションとの認識合わせは欠かせません。エンジニア側は実装が終わったタイミングで「タスク完了」と思っていても、UI側は「実装されてからが真のスタート」と考えているケースがあります。エンジニア側にも、UIの細部を調整するための作業工数を残しておいてもらうように依頼しましょう。

そのコミット、大丈夫ですか?

マイルストーンの締め切り直前では、多数のメンバーがデータをコミットすることで開発環境が煩雑になるケースがあります。
このようなタイミングでうっかりレギュレーション違反のデータをコミットしてしまうと、ゲームが進行不能になるなど、チーム全体に迷惑をかけてしまいますので、「あわてている時ほど冷静にコミット内容を確認する」ことを心がけましょう。

また、退勤直前にコミットして、動作確認もおざなりに帰宅……といった行為も、極力控えるようにしてください。24時間デバッグチームが稼働しているプロジェクトもあり、動作に支障が出てしまうとその分デバッグ工数が圧迫されます。

「しっかりと動作確認してからデータをコミットする」。これは開発の基本中の基本です。よく覚えておいてくださいね。

FIX確認

一通りブラッシュアップが完了したら、そのマイルストーンにおけるFIXクオリティを満たしているか確認を行い、実装作業を完了させましょう。

ゲームの開発マイルストーンは以下のステップで進むケースが多いですが、プロジェクトにより異なりますので事前に確認しておくことをオススメします。

1. **技術研究・検証**
2. **プロトタイプ版**
3. ***α*版**
4. ***β*版**
5. **マスター版**

また、**FIXまでの承認フロー**に関しても明確にしておきましょう。いつまでに・誰が・どのようにUIのチェックを行うのかをすり合わせておくことで、締め切りから逆算したスケジュールを見積もることができます。

例えば、日々のクオリティチェックは「UIメンバーが作成→UIリーダー・企画担当メンバーが確認」という流れだったとしても、重要なマイルストーンの節目では、以下のようなセクションメンバーがチェックを行うケースがありますので、留意しておきましょう。

- **ディレクター**
- **プロデューサー**
- **開発部門長など**
- **品質保証部門など**
- **法務部門・知的財産部門など**
- **その他ステークホルダー**

COLUMN

デザイナーにもデバッガを！

突然ですが、皆さまは「デバッガ」を使っていますか？
デバッガとは「デバッグ作業を支援するためのツール」で、エンジニアメンバーは日常的に使用していますが、デザイナーが活用している現場をあまり見かけたことがありません。

デバッガを使いこなせると、UIの開発効率もググッと向上するため、もしプロジェクトに余力があればデザイナーにもデバッガの環境を導入することをオススメします。

たいていの開発環境では、予期しない操作が行われたり、レギュレーションに違反したデータがロードされると、「ゲームの進行を停止」または「Warningのメッセージを表示」するなどで、開発者にバグの火種をお知らせしてくれるような機能が実装されています。

そんな時「あっ、落ちた……」とゲームを再起動するケースがほとんどかと思いますが、デバッガがあればゲームが進行不能になった原因を特定したり、無理やり先に進行させることが可能になります。

Chapter 5 実装 まとめ

事前のラーニングを怠らない！

デザイナーの「実装」に対するリテラシーは人それぞれです。だからこそ、メンバー全体のスキルレベルを把握し、しっかりと事前準備をしてから実装に臨みましょう。どうしても苦手意識が強いメンバーがいれば、作業を切り分けるのもひとつの手です。また、ゲームエンジンやツールの特性を理解することは、デザイナーの強力な武器になります。

エンジニアとの意思疎通を！

実装では、基本的にエンジニアの定めたルールに従いましょう。そのうえで、デザイナーからの要望をしっかり伝えることも重要です。お互いの業務内容は、相互に伝えなければ理解することができません。エンジニアは何でもしてくれる魔法使いではないので、日頃からコミュニケーションを取り、双方にとって進めやすいワークフローを確立しましょう。

トライ&エラーを楽にしよう！

UIデザインは試行回数が命です。1回の修正→確認にかかるコストを可能な限り抑えることで、その分クオリティを上げるために時間を使えます。どうすれば効率を上げられるのかをセクション全体で検討し、理想的なトライ＆エラーのフローを構築しましょう。

設計した本人が実装すれば
そのデザインはさらに輝く！

Chapter 6

レベルアップ

設計・デザイン・実装、お疲れさまでした！
ここから先は「ゲームUIデザイナー」という仕事のクオリティを
さらに高めるべく、秘伝の知識をコッソリ授けます。

リーダー　メンバー　企画　エンジニア

01 レベルアップことはじめ

ここまで、UI開発の一連の流れについて解説してきました。これらを一通り把握していれば、ひとまず基本的なUIデザインの作業については迷わずに進められるかと思います。

本章では、さらにプロフェッショナルなUIデザイナーに近づくために知っておきたい以下の内容についてまとめています。

- **開発テクニック編**
- **ヒューマン編**
- **ビジネス編**

これらは主にUIリーダー向けの内容ですが、将来リーダーを目指しているメンバーや、UI以外のキャリアパスに興味がある方にも役立つ内容となっていますので、ゲーム開発全体の知識を深める資料として、楽しみながら読み進めていただければ幸いです。

COLUMN

検索スキルを身に付けよう！

情報が氾濫している今の時代、**必要な情報を検索するスキル**は非常に重宝します。ラーニングを進めていくうえでも、まずは自力で調べるクセを付けておきましょう。

知識や技術だけでなく、デザインに関しても昨今は良質なツールや素材がたくさん世に出回っています。ラフデザインの段階では、既存のアセットを活用して画面を組み上げていくケースも多いです。既存のデザインをたくさん見て吸収し、自身の武器にしていきましょう。

検索におけるテクニックは色々なものが公開されていますが、筆者からぜひ伝えておきたいポイントは以下です。

- **さまざまな言い換えを用いて検索する**
- **英語で検索する（検索結果の量／質ともに向上します）**
- **検索エンジンに備わっているコマンドを使用して検索する（ワイルドカードなど）**

リーダー メンバー 企画 エンジニア

02 開発テクニック編

まずはここまでの章で解説しきれなかった、**知っておきたい開発知識・テクニック**をご紹介します。

- **デザイン関連の担当作業**
- **ローカライズ&カルチャライズ**
- **解像度対応**
- **マルチ&クロスプラットフォーム対応**
- **リダクション&リファクタリング**
- **キャリブレーション・色覚多様性対応**
- **チェックフロー&フィードバック**
- **引き継ぎ対応**

それぞれ非常に専門性が高い分野となっていますので、本書ではTipsレベルの解説に留めますが、ぜひこれをキッカケに興味をもっていただき、ラーニングを進めてみてください。

デザイン関連の担当作業

Chapter1でも触れましたが、UIデザイナーには2Dグラフィック・Web・印刷関連など、あらゆる業務が舞い込んでくる傾向があります。

片手間にこなせる内容から、高度なスキルを要求されるものまでさまざまな作業がありますが、これらのスキルを身に付けておくことでUIデザイナーとしての幅も広がりますので、積極的にチャレンジしてみることをオススメします。

バナー

バナーとは直訳すると「旗」や「横断幕」という意味で、広告的な役割を果たす画像のことを指します。ゲーム内に掲載することでイベントやキャンペーンへ誘導したり、Webサイト上で告知などに使用するケースが多いです。

限られたスペース内に情報を集約するケースが多いため、視認性優先度をきちんと精査しつつ、見た目にも「引き」のあるデザインに仕上げる必要があります。

タイトルにもよりますが、運営型のゲームではイベントごとにバナーを作る場合があり、UIデザイナーの代表的な定常タスクであることが多いです。

アイコン

アイコンとは主に要素を記号化・簡略化することを指します。ゲーム内のパラメータを数値ではなく絵として表すなど、UIデザイナーはさまざまな要素をアイコン化するケースが多いです。

また、スマートフォンのゲームアプリなどは、ホーム画面に表示される「アプリアイコン」もUIデザイナーのタスクになることがあります。

そのアイコンが何を示しているのかを一目でユーザーに伝える必要があるため、小さいながらも非常に奥が深いデザインのひとつです。

ロゴ

ロゴタイプ（通称：ロゴ）とは主に文字列を装飾し、意匠化することを指します。ゲームにおいてはタイトルロゴ・イベントロゴなどをUIデザイナーが作成するケースが多いです。また、ロゴの使用規定をまとめたガイドラインドキュメントをセットで作成することもあります。

タイトルロゴはゲームの「顔」になる素材であり、プロモーションやマーケティング面においても影響が大きいため、作成にあたっては高度な専門知識が要求されます。

プロモーション用の各種素材

UIデザイナーはゲーム内に実装する素材だけではなく、Webサイトなどに掲載するためのプロモーション用素材の制作を依頼されるケースもあります。

開発とは異なる部門が担当している場合もありますが、ゲームと異なるレギュレーションでデザインする必要があったり、タイトな締め切りが設定されていることがありますので、事前に内容をよく確認しておきましょう。

こういった素材のことを広告用語として「クリエイティブ」と呼ぶこともあります。

印刷用の素材・入稿データの作成

プロモーション用のポスターやチラシ、イベントを行う際のノベルティやのぼりなど、印刷物として実際に出力される素材制作および入稿データの作成を依頼されるケースもあります。

印刷については、デジタルデータとはまったく異なる知識が必要になります。解像度やCMYKカラーモードなどの概念を理解していないと、いざ出力後の現物を見て「画面上の仕上がりと全然違う！」というようなトラブルが発生しやすいです。

とはいえ、自身のデザインが実物の「モノ」として形になるのは非常に喜びも大きいものです。ぜひ機会があれば積極的にチャレンジしていただきたい領域です。

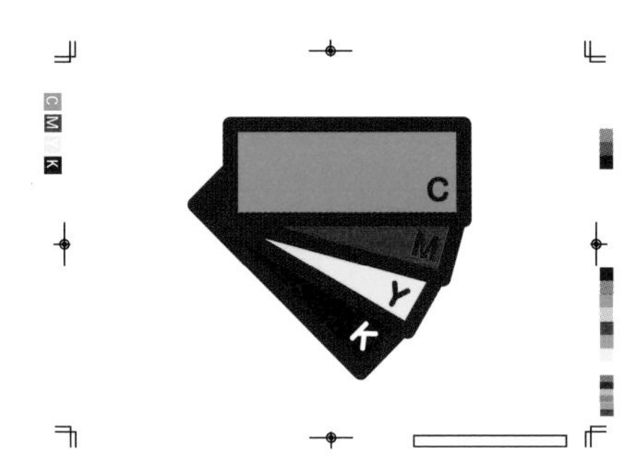

動画の編集・コンバート

ゲーム内に実装するムービー類を、実装形式に合わせて「コンバート（変換）」するといった軽微な作業から、動画編集ツールを使用した動画データの「制作」まで、依頼内容はさまざまです。

Adobe PremiereやAdobe After Effectsといったアプリケーションを使用するケースが多いです。動画編集のスキルを身に付けておくと、UIアニメーションや演出を作成する際にも役立ちます。

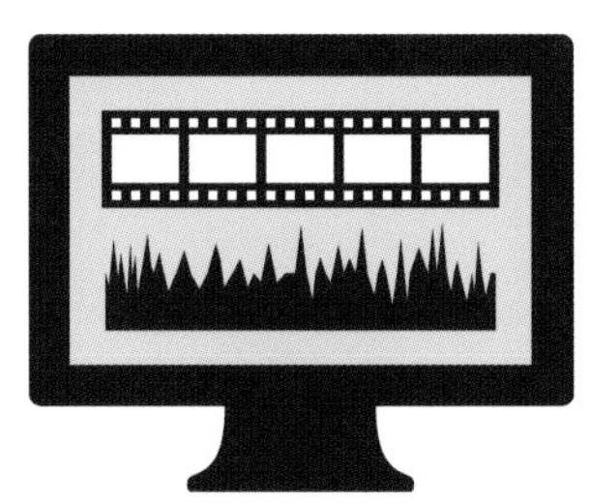

ディレクション・発注管理

UIデザイナーとして経験を積み、リーダークラスになったり大規模な開発プロジェクトに加わると、次第に「自分自身が直接デザインする」機会が減り、「他メンバーのデザインをディレクションする」役割が増えていきます。

また、外部の協力会社に業務を発注するケースもあるでしょう。その場合は依頼している作業の進捗管理を行う必要が出てきます。

他メンバーに指示をしたり、自身が直接担当していないデザインに修正依頼をするのは、慣れないうちはなかなか大変です。「一人でやってしまったほうが早い」と思うこともあるかもしれません。

ですが、大規模タイトルの開発を一人で乗り切るのは困難です。社内外含めたチームメンバーと協力し、安定的な開発・運営体制を構築しておくことをオススメします。

また、対会社間においては契約によって依頼できる業務範囲・期間などが厳密に定められています。リーダーは以下のような契約書面に目を通すことになる機会も多いでしょう。

- **秘密保持契約書（NDA）**
- **業務委託契約書**
- **発注書・発注請書**
- **見積書**
- **納品書**
- **検収書**
- **請求書**
- **領収書**

このような書類関連の知識は早い段階から身に付けておくと、実際に協力会社の選定を行う際なども役立ちます。発注にかかるコストなども把握でき、業務を進めやすくなりますので、ぜひこういった事務作業も苦手意識をもたずに率先してチャレンジしてみてください。

ローカライズ&カルチャライズ

ゲームのローカライズとは**「他の言語圏の国や地域でも遊べるようにすること」**を指します。UIの場合は多言語対応がメインの作業になります。

一方、カルチャライズとは**「リリースする国や地域の文化に合わせ、ゲームの内容を変更すること」**を指します。例えば、日本ではOKとされている表現でも他国ではNGというケースがありますので、そういった場合には内容自体を調整する必要があるのです。

昨今のゲームはダウンロード版での配信も主流となり、日本国内でのリリースに留まらない**ワールドワイド展開**が手軽に行える環境になってきました。

「Chapter 2 コンセプト」の「プロジェクト要件 (P.026)」でも触れていますが、開発中のタイトルを**どの国に向けてリリースする**のか、そして**どの言語に対応させる**のか、序盤に確認しておくようにしましょう。

また、**単純な言語のローカライズ**のみでOKなのか、それとも**内容の変更を伴うカルチャライズ**まで行うのか、という点も重要です。これらは開発の進め方・スケジュール・コストに大きく影響します。

同じ言葉を使っていてもプロジェクト内で認識がズレている場合がありますので、プロデューサーやディレクター、他セクションのリーダーも交えて、認識のすり合わせ行っておきましょう。

ローカライズのポイント

実装

ローカライズの実装をどのように行うのか、事前にエンジニアと確認しておきましょう。ゲームエンジンの種類によって手法が異なります。また、そもそもローカライズは外部の会社に委託するケースもあります。その場合は、どのようにデータの受け渡しを行うのか、構造のレギュレーションなどについて会社間での取り決めが必要になります。

文字数

言語が変わると、同じ意味を示す単語でも文字数が大きく異なります。例えば、以下はすべて「設定」という単語を表しています。

- **設定** **(日本語)**
- SETTINGS **(英語)**
- 设置 **(中国語 - 簡体字)**
- **設定** **(中国語 - 繁体字)**
- 설정 **(韓国語)**
- EINSTELLUNGEN **(ドイツ語)**
- CONFIGURACIÓN **(スペイン語)**
- الإعدادات **(アラビア語)**

文字揃え

アラビア語など、一部の言語は「右揃え」になるケースがあります。また、和風のゲームなどで日本語の「縦書き」を採用するようなケースも要注意です。

フォント

各言語に応じた専用フォントを使用しましょう。大手フォントメーカーであれば、ゲーム向けに使える他言語フォントを用意してくれています。

国によっては、政府が推奨しない字形を用いたゲームは**リリース不可**となるケースもありますので注意しましょう。

色

色の意味が異なるケースもあります。「肯定」と「否定」などに使用すると意味が真逆になってしまうような配色については、ローカライズの対象になります。

記号

記号がもつ意味も国によって大きく変わります。特に法律や権利関係、宗教や歴史などにまつわるものは取り扱いがセンシティブですので注意しましょう。

ハードウェア

コントローラーなどのハードウェアについても、ボタンの配置・意味が異なるといったケースがあります。例えば、日本ではたいていの場合「○ボタンが決定」を意味しますが、海外では「×ボタンが決定」となる地域も多いです。

ネイティブチェック

最終的には現地の開発会社など、ネイティブのスタッフにチェックしてもらえるのが理想です。言語によっては「本当に正しく修正できているのか」を実作業のメンバーが判断できない場合がありますので、デバッグにかかる期間を考慮して、余裕をもったスケジュールを組みましょう。

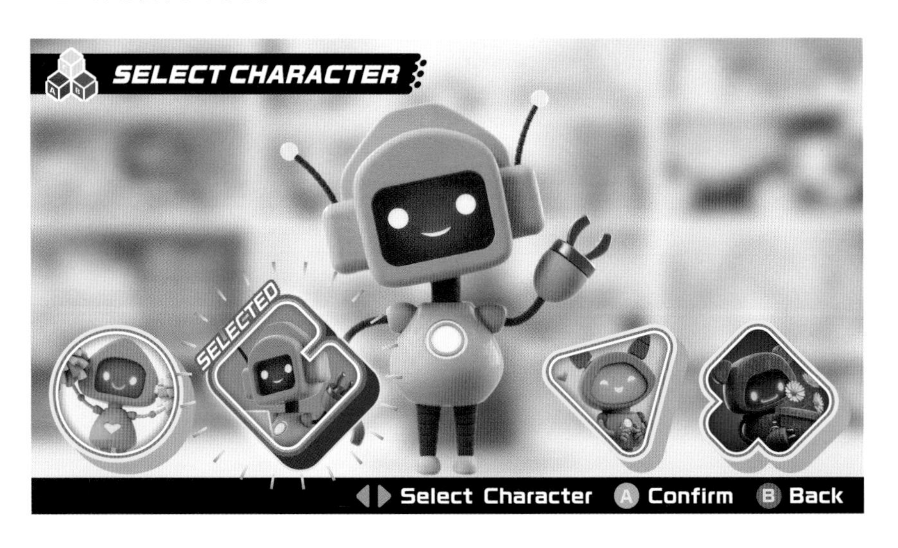

○ カルチャライズのポイント

実装

カルチャライズの場合は、そもそもゲームの中身を要素レベルで変更するケースが多いです。開発環境自体を分けたほうが効率が上がる場合もありますので、どのようにデータを扱うのか、チーム全体で相談しましょう。

歴史観

歴史や実在の人物を取り扱う場合、史実にもとづいていたとしても国や民族によってとらえ方が異なるケースがあるため留意しましょう。フィクションの場合はさらに配慮が必要です。

人種・性別・宗教・政治・特定思想

特にセンシティブな題材のひとつです。作品にとってよほど重要な意味をもつ場合を除いて、軽率に取り扱うのは避けましょう。

倫理・公序良俗

社会通念上NGとされる表現もたくさん存在します。特に性描写や暴力表現などは、国やプラットフォームごとに細かいガイドラインが定められていますので、その範疇を超えないように注意してください。

色

色に対するイメージも地域により大きく異なります。日本ではポジティブな要素に使われる色合いであっても、ほかの地域ではネガティブにとらえられるケースがあります。

解像度対応

最近はテレビやスマートフォンなど、多種多様な解像度のデバイスが出回っています。ユーザーがどのような環境でゲームをプレイしているかわかりませんので極力どんな解像度のデバイスで遊んでも表示に問題が出ないよう対策をしておく必要があります。

また、PCゲームなどはユーザーが無段階に解像度を変更できる場合もあります。可能な限りあらゆるパターンでのチェックを行うことは大切ですが、デバッグ工数が跳ね上がってしまいますので、ある程度優先度を決めて対応していきましょう。

○ 解像度対応のポイント

● 最小解像度

一番小さい解像度はどこまで対応するのかを決めます。文字や重要なアイコン類がつぶれて見えないなどの問題は致命的ですので、最小解像度でも視認性が担保されているかどうかは、入念に確認しましょう。

● 最大解像度

一番大きい解像度をどこまで想定しておくかも決めます。4K/8Kといった超高解像度デバイスも普及しつつありますので、そういったケースに対応するためにベクター画像などを用いたスケーラブルな実装についても検討しておきましょう。

デザイン基準解像度

最小〜最大を決めたら、**デザインクオリティチェックの基準とする解像度**をチーム内で決めておきましょう。ターゲットユーザーの人口が最も多い解像度を基準とするのが一般的です。デザインチェック時はこの解像度で確認を行い、環境のばらつきによって意見がブレないようにします。

縦横比

対応する解像度の縦横比を決めます。以前は「16:9」の比率が一般的でしたが、昨今はスーパーワイドなど特殊な縦横比のデバイスでプレイするユーザーも増えていますので、そういった点も考慮してどこまで対応を行うか決めましょう。

オブジェクトの吸着基準位置

画面の天地左右に対して、オブジェクトをどの位置基準で吸着させるのかを、オブジェクトごとに決めます。この設定を適切に行うことで、解像度を変更してもオブジェクトが意図通りのレイアウトに追従してくれます。画面端に吸着させる場合、スーパーワイド解像度などでUIが著しく偏った場所へ取り残されてしまう懸念がありますので要注意です。

マルチ&クロスプラットフォーム対応

「マルチプラットフォーム対応」とは、**ひとつのゲームを複数のプラットフォーム向けにリリースする**ことを指します。

そして「クロスプラットフォーム対応」は、**異なるプラットフォーム同士で対戦・協力プレイを可能にしたり、セーブデータを引き継げるようにする**ことを指します。

最近はゲームエンジン側が対応しているケースも多く、開発者があまり意識しなくても済むようになりつつありますが、気を付けるポイントがいくつかあります。

○ マルチ&クロスプラットフォーム対応のポイント

● 独自の用語

プラットフォームやハードウェアごとの独自の用語をゲーム内で用いている場合は、それぞれ対応する内容に置き換える必要があります。
(例:PSボタン/Joy-con/Xboxボタンなど)

● ハードウェア固有の画像

コントローラーやボタンなど、ハードウェア固有の画像をゲーム内で表示している場合は、差し替えが必要です。特にチュートリアルなどはこういった画像を多用するケースがあるため要注意です。

● 製品要件

プラットフォームごとに製品要件が異なり、これを満たしていないゲームはリリースできません。複数のプラットフォームで**リリース審査**を行う場合はその分時間がかかりますので、余裕をもって提出できるように努めましょう。

● 開発環境

開発環境の構築にコストがかかったり、そもそもメンバー全員分のハードウェアを手配することが難しいケースもあります。リーダーはそういった点を考慮して作業フローを組む必要があります。

チェック環境

プラットフォームごとに、チェック手順やデバッグコマンドが異なっているケースがありますので、どんな差異があるのかを事前に確認しておきましょう。

また、カートリッジ形式などのソフトウェアでは、実際の媒体にゲームデータを焼き込む（「ROMを焼く」などと呼ばれます）作業が必要になるため、チェックを開始できるまでに物理的な時間がかかります。

開発終盤では残りのチェック回数に限りがある場合がありますので、プロジェクト全体のスケジュールを考慮しながら実装を進めましょう。

デバッグ

特定のプラットフォームのみで発生する不具合があり、原因の特定にはたいてい時間がかかります。ほかのプロジェクトですでに開発経験のあるメンバーがいれば、事前に「起こりがちな不具合項目」について確認しておきましょう。

リダクション&リファクタリング

「リダクション」とは肥大化したデータなどを**適切に削減させること**です。開発を進めていくと、たいていゲーム全体のデータ容量がどんどん大きくなっていき、動作が重くなったりロードに時間がかかるようになります。そのため、定期的にデータのダイエットを行う必要があります。

一方、「リファクタリング」は**データを最適化すること**を指します。開発の長期化や運営を続けていく過程で、データ構造が複雑になり開発にかかるコストがかさんでくるようになります。そこで、挙動が変わらないようにしつつ構造を整理していく作業を行います。

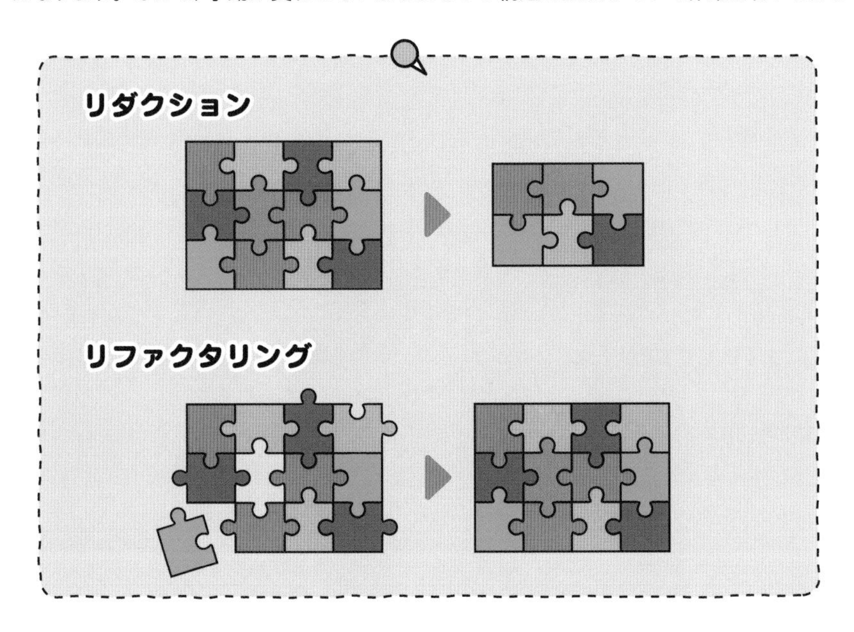

リダクションやリファクタリングは言わば「データのメンテナンス」ですので、長期運営を行うゲームタイトルでは**定期的に実施し続けること**が大切です。

UIリーダーは年間の運営スケジュールを立てる際、新規実装のタスクだけでなく、これらの工数も計画に組み込むよう意識してください。
適切にメンテナンスされた環境は、チームでの開発効率をグッと高めてくれますよ！

○ リダクションのポイント

まずは**リダクションの目的**を確認しましょう。例えば、「ロード時間を短くしたい」と「カクカクしている動作をなめらかにしたい」では対処するポイントが異なります。

目的を明確にしたあとは、どこに原因があるのかを調査し、その部分について対策を行っていきます。エンジニアがよく使う「負荷」という言葉も、**処理負荷・描画負荷**といったバリエーションがあり、それぞれに別の対処法が存在します。

以下にUIセクションが実施する頻度が高いリダクション手法の一部をご紹介します。

減色

テクスチャなどの色数を減らしてデータ量を削減します。専用のツールを用いることでほぼフルカラーと遜色ない状態を維持しつつ減色することができます。

アトラス化

複数のテクスチャを1枚の画像にまとめることでデータ量を削減します。ゲームエンジンによっては自動的にアトラス化してくれるツールが提供されています。アトラス化は開発コストが上がってしまう場合もあるので、実施するかどうかはチーム内で相談しましょう。

フォント

使用するフォントの数やファミリー、収録文字数を減らすことでデータ量を削減します。また、デバイスにプリインストールされたフォントを使用することで、そもそもフォントデータをゲームに含めないといった手法も検討できます。

オブジェクト

実装データ内のオブジェクト数を減らしたり、プロパティを調整することで処理負荷や描画負荷を軽減します。アルファ情報をもった画像が大量に重なっているなど、負荷の原因箇所を特定してから対応するケースが多いです。

マテリアルの活用

マテリアルが扱えるゲームエンジンでは、画像テクスチャを使わずにマテリアルで表現することでデータ量を削減できます。処理負荷と相談しながら活用しましょう。

リファクタリングのポイント

リファクタリングは**定期的に実施する**ことが大切です。リーダーは、メンバーの実装データをこまめに確認し、ムダが多い部分や構造が複雑化している部分についてリファクタリングの時間を取るようにしましょう。

リファクタリングの手法は開発環境によって大きく異なるため、ここでは筆者の経験にもとづいた一部の内容をご紹介します。

編集用データ

デザインのPSDデータなどはいつの間にか肥大化しているケースが多いです。埋め込んでいる画像を外部からの参照に変更したり、非表示にしてあるボツデザインなどは削除してしまいましょう。バージョン管理されていればいつでも戻せます。

テクスチャ

何でもかんでもフルカラーでテクスチャを作成していないでしょうか？　輝度情報のみで済む場合など、適切なファイル形式で再保存することでデータを最適化できます。

実装データ

作業の都合上、一時的に追加したダミーデータなどは不要になったタイミングで適切に削除していきましょう。ビジュアルとしては非表示に設定されていたとしても、存在するだけでメモリを消費しているケースも考えられます。

ビジュアルスクリプト

複数メンバーで作業を行っていると、複雑化・冗長化しているノードが増えていきます。処理の内容を変えないように注意しつつ、定期的に整頓を行いましょう。

キャリブレーション・色覚多様性対応

「色」の見え方は人・環境・機材によって異なります。そこで、機材については**キャリブレーション**を行うことで、極力チームメンバーが全員同じ色味でデザインを確認できるようにします。

また、昨今注目されている**色覚多様性への対応**についても検討しておきましょう。特にワールドワイドで展開するタイトルについては、さまざまな色覚をもったユーザーに向けてゲームを提供することになりますので、配慮が必要です。

キャリブレーション

キャリブレーションは、ディスプレイに表示される色味を専用の機器などを用い、異なる環境間で統一する作業のことです。周囲の環境光なども考慮して色味を合わせることができます。

デザイン・映像業界では古くから一般的に行われてきましたが、ゲーム業界では実施していない会社もあります。

そもそも、どんなに開発環境上で豊かな色味を表現できていたとしても、ユーザーの環境で再現できなければ意味がないため、あくまで「デザインチェック時の基準」として考えるのがベターです。

○ 色覚多様性対応

汎用ゲームエンジンでは、色覚多様性による色味の見え方をシミュレーションしてくれたり、自動的に見やすい色味に調整してくれたりする機能が普及してきています。

特にゲームの根幹において「色」が重要な意味をもつケースでは、こういったものを活用しつつ、専門のチェック機関と協力してカラー計画を立てていくことをオススメします。

プロデューサーやディレクターも交えて、どこまで幅広く対応していくかを相談しましょう。

チェックフロー＆フィードバック

UIはゲームをプレイする時に必ず視界に入り、かつ直接操作するものですので、誰でも「つい意見を言いたくなる」部分です。とはいえ、まだ仮実装の段階にもかかわらず、本デザイン相当のフィードバックが届いても困ってしまいますよね。

そこで、他セクションのメンバーを安心させつつ、適切なタイミングでチェックして欲しい部分の意見をもらうためのテクニックについてご紹介します。

○チェックフロー

UIのチェック・承認フローをチーム内で取り決めておきましょう。

ゲームの内容にもよりますが、全体的にまんべんなく進めていくケースと、局所的に進めていき最後に全体調整を入れるケースに分かれると思います。それぞれ適したフローが異なるため、プロジェクトの体制も踏まえて検討します。

また、テストプレイなどでチーム内外に広くチェックしてもらう時は、以下のような流れがオススメです。

1. **UIの実装ステータスと、ステータスごとのチェック項目を事前に共有する**
2. **実際にゲームをプレイしてもらい、意見を集める**
3. **届いた意見について、管理しやすいカテゴリに分類する**
4. **カテゴリ内で「肯定・否定・感想」に分類する**
5. **各意見に優先度を付け、重複するものは優先度を高くする**
6. **優先度順に並べ、どこまでを対応するかディレクターと決定する**

UIに関する意見は細部にわたって大量に届くケースが多く、中には抽象的な内容も含まれます。上記のように精査していくことで、**問題を切り分け、重要な課題に漏れなく対応する**ことができます。

大切なのは、対応するものには対応方針をコメントし、対応しないものについても「対応しない理由」をコメントして、意思決定の記録を残しておくことです。そうすることで今後同じような意見が出てきた時も、最後までブレずに開発を進めることができます。

UIの実装ステータスサンプル

◆ステージA　完成度80%以上

ブラッシュアップに入れる状態。ゲーム全体の仕上がりを見ながらFIXに向けて微調整を進めていく段階。

◆ステージB　完成度50%以上

色味・配置は決定。メインとなる装飾は反映されており
最終的なテイストや装飾ボリュームがイメージできる状態。
アニメーションもある程度、精度高めに実装されている。

◆ステージC　完成度30%以上

レイアウトがおおむね固まり、色味は方向性のみ決定している状態。
デザインは仮の装飾やシルエットイメージを反映している。
アニメーションは明滅など、最低限のものが実装されている。

◆ステージD　完成度30%未満

機能の組み込みだけが行われており、色や形も仮の状態。
画面内におけるおおまかな配置だけが決まっている。
形状もシンプルな矩形など。

テストプレイコメント	
カッコよくない……	要対応
以前より格段に使いやすくなったと思います。ヒット感が気持ちいい！	肯定
単なる好みですが、ひとつ前のバージョンのやつも好きでした。	感想
ラフOKです。本デザイン楽しみ！	肯定
もうちょっとエフェクト頑張ってほしいな～	要対応
残弾数が見にくいので色味＆位置を調整してもらえるとありがたいです。	要対応

◯ UIあるあるコメント ～傾向と対策～

UIについてよく寄せられるコメントとその対応方針について、一例をご紹介します。

コメント例	対応方針の例
「なんか違うんだよね」	● 違和感のある部分についてヒアリングし、課題を洗い出す ● 「機能」「ビジュアル」「操作感」などのカテゴリ別に問題を切り分け、ひとつずつ解消を試みる
「ダサい」 **「カッコよくない」**	● そう感じられる部分についてヒアリングし、それはターゲットユーザーも同じように感じるのかをディレクターと相談する ● ベンチマーク作品があれば共有してもらい、参考にするべきポイントを抽出して反映していく
「目が疲れる～」	● 輝度やコントラストを見直す ● 要素やテキストのサイズ、ボリュームを見直す ● 激しいアニメーションやエフェクト演出を見直す
「ゴチャゴチャしてる」	● 企画メンバーと相談のうえ、要素のボリュームを見直す ● 適切な余白を設ける ● 形・サイズ・色といったビジュアル面について、見た目を揃えるなどの対応を行う
「○○みたいにして」	● 「○○」のどういうところを取り入れたいと考えているのか、本質的な要望をヒアリングしたうえで落とし込む
「別パターンも見たいな」	● バリエーションレベルではなく、まったく異なる方向性の案を提示する
「これってFIX？」	FIX想定の場合 ● 「まだFIXとは認められない」意思表示であるケースが多いため、具体的な言葉に落とし込んだ意見をもらう FIX想定ではない場合 ● 現状のステータスを伝え、そのタイミングで指摘してもらいたいポイントについて意見をもらう

引き継ぎ対応

チームでの開発において避けて通れないのが**タスクの引き継ぎ**です。自分が引き継ぎをする側にも、引き継ぎを受ける側にもなる可能性があります。

ここまでの内容を実践していただいていれば、基本的にはそのまま引き継ぎしやすいデータになっているはずです。主に、以下のような点について留意しておくといいでしょう。

データの整理・ドキュメント化

自分以外のメンバーが見ても、一目でわかるデータに整頓します。そしてデータやワークフローに関する申し送りをドキュメントにまとめて共有するようにしてください。

また、データは自身のローカル環境に残さず、必ず他の担当者が確認できる場所へ丸ごと一式アップロードしておきましょう。

バトンタッチのタイミング

遅くとも2週間前、できれば1カ月前には「自分が何もしなくても仕事が回る状態」にしておきましょう。特にリーダークラスが交代するようなケースでは重要です。チーム内に在籍している間に「あえて何もしない状態」を作り、イレギュラーな事態に備えましょう。

引き継ぎ後・緊急時の連絡フロー

新しい連絡系統をフロー化しておきます。また、やむを得ない緊急時は連絡を取ることができるのか、その場合の連絡先はどこになるのかを確認しておきましょう。

03 ヒューマン編

続いて、**UIデザインとかかわりのあるメンバー**についてご紹介します。

ゲームの開発というのは基本的にチームプレイになります。仕事として従事している場合はなおさらです。

特に昨今のタイトルは開発規模も大きくなっており、さまざまな考え方やスキルをもったメンバーと、長い開発期間をともに過ごすことになります。

そこで、重要になってくるのが**ヒューマンスキル**です。チーム内での良好な人間関係を構築・維持する能力を身に付けておくと、開発を円滑に進めることができ、それが結果的にタイトルのクオリティアップに繋がります。

本節では、特にかかわりの深い以下のメンバーについて取り上げます。

- **企画**
- **エンジニア**
- **デザイナー**
- **QA・テスター**
- **ステークホルダー**
- **ユーザー**

ゲームを遊ぶのは人間ですが、作るのもまた人間です。

開発チームが楽しい気持ちで作っているタイトルは、直接的な表現がなくともプレイヤーに伝わるものです。運営タイトルはさらにそういった傾向が高まると考えています。

大切なのは、**隣にいるメンバーの作業内容に興味をもち、相手の立場に立って物事を考えてみること**です。筆者も精進している最中です。一緒に頑張りましょう！

企画

ゲームを面白くするために心血を注ぎ、最上流工程でチームメンバーを導いているのが**企画メンバー**です。

組織によっては「プランナー」と呼ばれていたり、そもそもセクションとして存在しない（メンバー全員が企画を担当する）現場もあります。

UIデザインにおいては、企画メンバーとの協力が不可欠です。機能的な要件は企画セクション、デザイン部分の要件はUIセクションがそれぞれ責任を分担し、密にコミュニケーションを取りながら開発を進めていきましょう。

また、ユーザーの視線誘導設計など、どちらの担当にもなりうるタスクについては、あらかじめ役割を明確にしておくことをオススメします。

UIの仕様提案については双方の意見がバッティングするケースもあります。企画側の意図を汲み取りつつ、UIのプロとして提言するべきシーンではきちんと議論を行い、ユーザーにとってよりよいアウトプットを目指せるのが理想です。

エンジニア

仕様をもとに、ゲームのシステムやロジックを構築するのが**エンジニアメンバー**です。「プログラマー」とも呼ばれます。

プログラムの実装はもちろんのこと、開発環境の選定や保守運用・セキュリティ面・データのバックアップ・ゲームのパフォーマンスに至るまで、幅広い責任範囲をカバーしている職種です。

UIの実装においては一蓮托生の存在ですが、開発工程の中で最もしわ寄せが来やすいセクションでもあります。数字やプログラムといったキーワードが苦手な人は、まずエンジニアメンバーが日夜、何と戦っているのかを知るところから始めましょう。

日々のやりとりの中で信頼関係を築いておけば、データの取り扱いなどにおいて任せてもらえる範囲が広がります。

お互いの負担を減らせるワークフローを模索し、クオリティアップに時間をさけるよう、日頃からこまめにコミュニケーションを取ることをオススメします。

デザイナー

ここでは**UIデザイナー**はもちろん、3Dやエフェクト、アートディレクターなど、ビジュアルを担当するデザイナー（アーティスト）との関係性について取り扱います。

デザイナー同士わかり合える部分は多いものですが、逆に意見がぶつかってしまうこともあります。そんな時のために、意思決定のフロー・指示系統は明確にしておきましょう。

UIはビジュアルデザインだけではなくロジックも含まれる分野です。プロジェクトによってはアートディレクターとUIリーダーを並列に配置したり、UIセクションを企画側に配置する現場もあるようです。

あらゆるゲームフローにかかわれるUIセクションは、ビジュアル全体のワークフローを俯瞰で見つめ、デザイナー同士が円滑に作業を進められるような働きかけをしてみてもいいかもしれません。それが結果的に、開発タイトルのクオリティアップにも繋がります。

▶QA・テスター

QAとは「品質保証（Quality Assurance）」のことで、主にお客様視点でゲームの品質をチェックし、プログラムの動作・安全性・安心・快適な動作環境をユーザーに対して保証する業務を担っています。

一方、テスターはプログラムのデバッグ（不具合を検査すること）・UX関連や不当表示のテスト・パラメータチェック・脆弱性診断などを担当しており、それぞれの役割が明確に切り分けられている組織も多いです。

一昔前は単なるデバッグのセクションとして、一括りにされていた時代もありますが、昨今では直接的な不具合ではない「使用感」や「ユーザー感情」に踏み込んだ提案まで業務の範囲になっているケースもあり、ゲームをリリースするための「最後の砦」として存在する頼もしい存在です。

UIのチェックを依頼する機会も多いため「どの部分を、どのような手順で、どのように確認し、どんな観点のフィードバックが欲しいのか」を明確にしておくことをオススメします。

ステークホルダー

ステークホルダーとは「利害関係者」のことを指しますが、筆者の経験上、ゲーム業界では「承認者・意思決定者」を指してこの言葉を使用しているケースも耳にします。
本項ではいわゆる「エラい人」として取り扱います。

重要な実装内容の判断やマイルストーンごとの承認など、特にUIリーダーは組織上層部のステークホルダーとかかわる機会も多いものです。
立場上、緊張せざるを得ない関係性かもしれませんが、ぜひ日頃からこういったポジションのメンバーともコミュニケーションを取り「このタイトルに、そしてUIに、どういった結果を期待しているのか」、ステークホルダーの立場に立って考える視点をもってみてください。

そして、UIに関する意見をもらう際には、いきなりテストプレイ本番の日を迎えるのではなく、事前にネゴる（交渉・協議しておくこと）配慮を忘れないようにしましょう！

ユーザー

ヒューマン編のラストは最も大切な**ユーザー**で締めくくります。ここでは、ゲームを遊んでくれる一般消費者のお客様のことを指します。

UIはユーザーとゲームを繋ぐために存在しています。ゲームの中において矢面に立ち、ユーザーをおもてなしする役割があるため、UIに対して寄せられる意見は基本的にネガティブなものが多くなりがちです。

なぜなら、ユーザーにとってUIが「普通に使える」ことは当たり前で、「普通に使えない」時になって初めて認識されるケースが多いからです（UIデザイナーの中には「ノーコメントが一番のホメ言葉」と唱える方もいるほど……）。

ネガティブな意見をたくさん目にすると、心が折れそうになることもあるかもしれません。スケジュール・コスト・技術的な都合で仕方なくそうなっているケースもあるでしょう。

しかし、**ユーザーは改善を期待するからこそ、わざわざ意見を送ってくれる**のです。どうでもいいものに、人は貴重な時間を割いたりしません。コンテンツが溢れている現代ではなおさらです。もっと改善する手段はないのか、粘り強く検討を続けていきましょう。

なお、ユーザーの声を拾って対応方針を検討する場合は「単なる言いなり」にならないように注意してください。「ユーザーが本当に求めていること」を探り、**本質的な問題を解決する**ことが大切です。

また**「万人にとって完璧なUI」は存在しない**、ということも覚えておきましょう。それまでにプレイしてきたゲーム、育った環境、年齢、時代などによって、慣れ親しんでいるUIは変わります。

ユーザーの声に耳を傾けながら改良を繰り返し、バランスを取り続ける意識をもつ。そして、時には新しいチャレンジを取り入れたり、自身がやりたいこと・こうすればもっと楽しく快適な体験が提供できそうだ、というアイデアを提案してみましょう。

作り手が楽しんで作っている、という要素も、面白いゲームのためには重要です。それを忘れずに、ユーザーと向き合ってUIの開発に取り組んでいってください。

リーダー メンバー 企画 エンジニア

04 ビジネス編

会社に所属するUIデザイナーであれば、「クリエイター」であると同時に「ビジネスマン」でもあります。

スケジュールを守り、コストを守り、お金を稼ぐからこそ、ゲームを作り続けてユーザーに届けることができますし、運営も長く続けられます。そして、新しいチャレンジをしつつ仲間を増やせば、もっとUIにコストをかけることができ、ゲームのプレイ体験を向上させることができるわけです。

また、インディーズゲームなど個人で開発をしている場合、この感覚はさらに重要になります。ビジネス視点を度外視して作り始めてしまうと、そもそもゲームが完成しなかったり、せっかくリリースしたタイトルをクローズするような事態に陥ることもあるでしょう。そうなって一番悲しむのは、あなたのゲームを楽しみに待っているユーザーです。

本節では、ゲームUI開発において押さえておきたいビジネス的な観点についてご紹介していきます。**クリエイティブ思考とビジネス思考をバランスよく身に付けて**、末永く！楽しく！UIを作り続けられるようにレベルアップしていきましょう。

見積もり

ゲーム開発では、実際に作業を担当するメンバーや、セクションをまとめるリーダーが作業工数を見積もるケースが多いです。

慣れないうちは純粋な作業時間のみを計上しがちですが、チームでの開発、特に大規模なタイトルでは予期しない追加作業が降ってくることは珍しくありません。

そういった実態を踏まえて、見積もりを行う際は以下のような点を意識して試算するようにしましょう。

- **1日のうち純粋に使える作業時間は7〜8割**
- **営業日のみカウントし、最初から休日を予定に組み込まない**
- **一定のタイミングでバッファを設ける**
- **テストプレイのための時間を考慮する**
- **重要な締め切りの前はノータッチデバッグ期間を設ける**
- **リーダーは管理のためのコストを考慮し、実作業は受け持たない**
- **チームメンバーの平均パフォーマンスで見積もる**
- **開発要件に重大な項目漏れがないか確認する**
- **見積もりが終わったら最後に1.5倍にしてから報告する（重要！）**

出来上がった見積もりは、必ずチームメンバー全員で指さし確認しましょう。そして開発が始まったら、自身のセクションがかけた工数・残りの工数を意識しながら進行していくことをオススメします。

概　要	数量	工数
メインメニュー	1	10
ガチャ演出	3	3
ミッション画面	1	5
アイテムアイコン	50	0.25
デバッグ対応	—	80

※工数の数値は参考イメージです

要件定義・マイルストーン

UIは要件定義が曖昧なまま進むと、抽象的な評価しかできなくなる恐れがあります。

特にインゲームをチェックする際の要件については「機能単位（“残り体力が確認できる”など）」や「UIの名称単位（“体力ゲージ”など）」でまとめられているケースがあり、UIセクション的には網羅されていないこともあります。

そこで、**「どのマイルストーンまでに、何を実装し、それによって何を評価することが目的なのか」**を明確にしておき、チーム内でも認識を合わせておくことが大切です。

また、データの締め日と、その期間に手を加えていい範囲についても、具体的に詳細を詰めておきましょう。

主に以下のような項目に留意が必要です。

- **新規実装の締め切り**
- **素材差し替えの締め切り**
- **バグ修正の締め切り**
- **ノータッチデバッグの締め切り（コードフリーズ）**

データ締め日は厳守！

データ締めはたいていエンジニアが決定しますが、特にリーダーはその日程を正確に把握し、メンバーにも周知徹底するよう努めましょう。
「ちょっとくらい……」とコミットしたデータが大問題を引き起こすケースは本当に多いです。それがマスターアップ直前などであれば、なおさらです。
やむを得ずデータの更新が必要な場合は、速やかにその「理由」と「影響範囲」を関係者へ報告し、許可を得てからコミットするようにしてください。
場合によっては影響範囲の再デバッグが必要になりますので、各セクションで連携することが大切です。

社会情勢

社会情勢の変化により、今まで「OK」だったものが、ある日を境に「NG」になる、といったケースも起こりやすいのがUIセクションです。

例えば、大規模な地震が発生すると「激震！」などのキーワードをバナー類から取り除く……というような配慮をする必要があります。

また、昨今はゲームにおける表現でも**ポリコレ**（ポリティカル・コレクトネス＝特定の人に不快感を与えないよう表現などを配慮すること）への意識が高まっています。

こういった変化にスムーズに対応できるよう、特にUIリーダーは時事情報・ネットニュースなどに日々アンテナを張っておくようにしましょう。

さらに、法律や条例などの明確な決まりごと以外にも、**ユーザー感情**を尊重して判断するケースは意外と多いものです。UIは最大公約数的な視点でデザインを進めていく場面もありますので、中立的なバランス感覚を忘れずにいたいものです。

知的財産権

UIのプロとしてデザインをしていくのであれば、**自身や他者の権利を「侵害しない・させない」**ことへの意識は徹底しましょう。

日本国内では、ゲームを含めたエンターテインメントなど無形のものについても、その創作者を保護する権利がきちんと整備されています。

これらを総称して**知的財産権**と呼び、特許や著作権もここに含まれます。

非常に専門性が高い分野であり、「知らなかった！」では済まされない領域ですので、会社に属している方は法務部や知財部と連携しながら進めていくようにしましょう。

リーダーは自身の制作物はもちろん、**「メンバーが作成した制作物」**や**「協力会社が納品した制作物」**についても、他者の権利を侵害していないか注意を払う必要があります。

また、特にIPタイトルでは、コピーライトなどの権利表記をあらゆる箇所に記載する必要があります。ゲーム内はもちろん、バナーやWeb用の素材などにもかかわりますので、UIメンバーは常にデザインへの権利表記の要否を意識しておきましょう。

評価とキャリアパス

最後に、UIデザイナーの**仕事に対する評価**と、**将来的なキャリアパス**についてお話できればと思います。

評価

組織にもよりますが、ゲームのUIデザイナーは評価しにくい・されづらい構造になっている場合があります。UIは「不便なく使うことができる優れたデザインであればあるほど、その存在を意識しなくなる」という側面があるからです。

また、「UIのおかげで売れた！」とか「このゲーム、UIサイコーだよね！」というようにコメントされるゲームは非常にまれです。悪いところは注目され、よいところに目が向けられづらい……ということが起こるかもしれません。

今まで繰り返し説明してきたように、UIはゲーム開発の全工程を俯瞰的に見られる数少ないセクションです。そしてユーザーの一番近くに寄り添い、快適なプレイ体験をサポートする頼もしい存在です。それを主体的に作り上げているUIデザイナーという職種は、「もっと評価されるべき」と感じます。

仕事の評価は、ある程度定量的な数値目標に落とし込まれているほうが客観的な判断がしやすいものです。そこで、ゲームUIに関しても積極的に数字を持ち出してアピールしていくことが求められているかもしれません。

開発中のタイトルであれば、「いつまでに○点の成果物を○名のメンバーで仕上げる」であったり、「UIセクションが主体的に動くことで他セクションの工数を○人月分削減する」といった目標でもいいでしょうし、運営中タイトルであれば「UIの改修を行ってチュートリアル突破率を○%向上させる」といった目標も立てやすいでしょう。

○キャリアパス

UIデザイナーはユーザーとの対話を扱う職種のため、コミュニケーションに長け、器用な人が多い印象です（筆者の場合は“器用貧乏”という言葉のほうが当てはまるかもしれませんが……)。

筆者を含め、ある一定のタイミングで他の職種へキャリアチェンジしたり、パラレルキャリア的な働き方をする方を多く見かけます。

開発の内情についても造詣が深い場合、管理やディレクションに関する職種も目指せるでしょうし、UIからさらに踏み込んだUXデザインの領域を学んでいってもいいでしょう。もちろん、生涯UIのプロフェッショナルという道もあります。

以下は、筆者の見聞きした経験から、UIデザイナーがキャリアパスとして比較的検討しやすい職種の一覧です。こういった未来を描きながら日々の業務に取り組んでみるのもオススメです！

- **リードUIデザイナー / リードUIアーティスト**
- **リードビジュアル**
- **アートディレクター**
- **テクニカルアーティスト**
- **プランナー / UIプランナー**
- **UXデザイナー**
- **ディレクター**
- **進行管理**
- **プロジェクトマネージャー**
- **プロデューサー**

COLUMN

筆者のキャリアパス

本コラムでは、筆者がこれまで歩んできたキャリアについて紹介します。皆さまのキャリアパスを検討するうえで参考にしていただければ幸いです。

1. **UIデザイナー**
2. **映像デザイナー**
3. **UIデザイナー**
4. **リードUIデザイナー**
5. **リードビジュアル**
6. **アートディレクター**
7. **UXデザイナー**
8. **プロジェクトマネージャー**
9. **リードUIデザイナー**
10. **プロデューサー**

……このように紆余曲折はあるものの、おおむね常にUIデザインとかかわっています。これらは自身で希望したもの・会社が決定したもの、どちらもあります。一見、UIとは関係のない「映像デザイナー」や「プロジェクトマネージャー（PM）」も挟まっていますが、映像であればUIアニメーションにかかわるスキル、PMであればタスク管理のスキルが伸ばせるため、無駄なキャリアだったと感じているものはひとつもありません。本書執筆時点ではプロデューサーを担当していますが、数年後にはまた別の職種にかかわっている可能性もあります。

UIデザインにおいては、ユーザー……つまり、さまざまな「人」に対する理解を深めておくことで広い視野を身に付けることができ、それがアウトプットにも活きてきます。そのため、時にはあえてUI以外の世界に飛び込んでみることも、長い目で見ればUIデザイナーとしてのキャリアアップに繋がるかもしれません。
どの職種からでも、UIの学びになることはたくさんあります。キャリアパスについては皆さまそれぞれ別の考え方があるかと思いますが、ぜひ「キャリアチェンジを楽しむ」という姿勢も、ひとつの選択肢として検討してみてください！

Chapter 6

レベルアップ まとめ

テクニックを磨き続けよう！

本章第02節の「開発テクニック編」で紹介した各項については、それぞれで本が1冊書けるほど奥が深い分野です。また、本書では紹介しきれていない内容もまだまだあります。UIデザインは、多角的なテクニックを身に付け、それを磨き続けることでスキルが蓄積していきます。過去のナレッジを活かせるケースも多いため、ぜひ楽しみながら学んでいきましょう。

ゲームは「人」が作っている！

ゲームは人が作り、人がプレイするエンターテインメントです。昨今のタイトルは大規模化が進み、多数の仲間たちと効率よくクオリティを担保しながらモノづくりを続けるには、チームビルディングが必要不可欠です。双方の担当領域を理解し、お互いを尊重し合う気持ちを忘れないよう開発に臨みましょう。

ビジネス視点を忘れない！

商業タイトルであろうとインディーズであろうと、ゲームを作るには「コスト」がかかります。これは金銭だけではなく、人的資源なども含まれます。チームメンバーの一人一人がビジネス視点をもつことで、投入した貴重なリソースを最大限活かすことに繋がります。特にリーダークラスの方は、ぜひ意識してみてください。

これであなたも
プロフェッショナル！

おわりに

チームメンバー&ユーザーと一緒に
ベストなUIを探求し続けましょう！

リーダー　メンバー　企画　エンジニア

01 ゲームUIは誰のためのもの?

UIはユーザーのためにあります。

特に、世の中にリリースした瞬間から「お客様」がメインユーザーになります。

デザイナー視点では「改善したほうがいい」デザインでも、お客様にとっては「使い慣れているので変えないでほしい」というケースもあります。

その昔、まだゲームが売り切りタイトル中心だった頃は「100点満点の着地」が重要でした。マスターアップの日までクオリティを追求し続け、パーフェクトに完成された一本を作り上げることを最大の目標としていました。

言い方は悪いですが「売ってしまえば終わり」だったわけです。

ところが、現在は運営タイトルが主流になり、高いクオリティはもちろんのこと「お客様が求めるタイミング」でのリリースも非常に重要になっています。つまり、**お客様にとって適切なタイミングに、適切なクオリティでリリースしなければならない**のです。

「Chapter 2 コンセプト」では、プロジェクトストーリーを確認しました。

皆さまがかかわっているプロジェクトは「100点満点の着地」と「常に80点を取り続ける」、どちらのほうが、よりビジョンの達成に近づきますか?

こういった話はUIセクションの中だけで考えていても解決しません。チームメンバーはもちろん、直接プロジェクトにかかわっていない外部のメンバーとも積極的にコミュニケーションを取り、色々な人の意見に耳を傾け、考え方を吸収しましょう。

それは必ずUIデザインのアウトプットによい影響を与えます。

繰り返しになりますが、そもそも「万人にとって完璧なUI」は存在しません。ユーザーが100人いれば、100通りの意見が出てくるのは健全なことです。

UIデザインは、成功だけでなく**失敗も次のチャレンジへの布石となる**ものです。改善を楽しみましょう！

リーダー メンバー 企画 エンジニア

02 そしてUXデザインへ…

ここまでの内容を踏まえて「もっと上流工程や、ゲームそのものの“体験”デザインにも興味が出てきた！」という方は、ぜひ**UXデザイン**を学んでみてはいかがでしょうか。

ゲームのプロダクトそのものだけでなく、ユーザーやサービス、ビジネスも視野に入れた、より広いデザイン領域を対象とする分野です。

UXデザインは、国内、特にゲーム業界においては成長の余地が多分にある段階であると筆者は考えています。

企画やマーケティングなども含めた幅広い知識が必要になるため、難しさの質が変わりますが、ゲームとユーザーのすべてのタッチポイント（それこそ、そのタイトルの存在を知るところから！）にかかわることができ、UIデザインとはまた違った面白さが味わえると思います。

現在、世の中のUXデザインやマーケティング関連のノウハウは、ほとんどが一般的な「製品」に向けて研究されています。

一方、ゲームなどのエンターテインメントは「娯楽」であり日々の生活には欠かせませんが、一般消費財と異なり「なくても生きていける」性質のものです。

だからこそ、エンターテインメントのUXをデザインするということは、一般的な製品のUXデザインとは異なる視点が必要になり、より本質的なユーザーのニーズ、つまり「心をつかむ」必要があると筆者は考えています。

ゲームのUIデザインにかかわる皆さまは、日頃からユーザーのことを第一に考えながら開発に向き合っている方が多いと思います。これは、そうカンタンに身に付けられるスキルセットではありません。

そういったスキルをもつ方々が、今後さらに上流工程からモノづくりにかかわっていくことは、未来のエンターテインメント界にとって非常によい影響を与えるのではないでしょうか。

次ページの図はUXデザインにおける取り組みの一例です。このような定量的・定性的な調査を組み合わせて進めていきます。本書巻末の「参考文献」に関連書籍を紹介していますので、興味がある方はぜひ手に取ってみてください。

ユーザーインタビュー
ユーザーペルソナ
ユーザー A
年齢：16歳
性別：男性
住まい：東京都
家族：父・母・兄
特徴
ニーズ
ユーザーのゴール
ジャーニーマップ
体験価値の検討
ストーリーボード
「 OOOOOO 」
「 OOOO？ OOOO 」
「 OO！ 」
「 OOOOOOO？ 」
ユーザビリティテスト
etc……

参考文献

書籍

- 『インタフェースデザインの心理学
  ―ウェブやアプリに新たな視点をもたらす100の指針』
  (Susan Weinschenk [著]、武舎広幸、武舎るみ、阿部和也 [訳]、オライリージャパン、2012年)

- 『ノンデザイナーズ・デザインブック [第4版]』
  (Robin Williams [著]、吉川典秀 [訳]、小原司、米谷テツヤ [監訳]、マイナビ出版、2016年)

- 『UIデザインの教科書 [新版] ―マルチデバイス時代のインターフェース設計』
  (原田 秀司 [著]、翔泳社、2019年)

- 『UXデザインの教科書』
  (安藤昌也著 [著]、丸善出版、2016年)

- 『卓越したグラフィックデザイナーになる』
  (Drew de Soto [著]、大野千鶴 [訳]、ビー・エヌ・エヌ新社、2012年)

- 『実戦マーケティング戦略』
  (佐藤義典 [著]、日本能率協会マネジメントセンター、2005年)

ウェブメディア

- **Game UI Database**
  URL https://www.gameuidatabase.com/

- **UX MILK | クリエイターのためのUXメディア**
  URL https://uxmilk.jp/

- **デザイナー脂肪**
  URL https://www.imagawa.tokyo/

参考ゲームタイトルなど

- 『Pokémon HOME』
  (©2020 Pokémon. ©1995-2020 Nintendo/Creatures Inc. /GAME FREAK inc.)
- 『あつまれ どうぶつの森』
  (任天堂株式会社)
- 『フォートナイト』
  (Epic Games, Inc)
- 『オーバーウォッチ』
  (Blizzard Entertainment, Inc.)
- 『マインサバイバル (Mine Survival)』
  (WILDSODA)

素材クレジット

本書は以下のサービスが提供する素材を使用しています。

- Adobe Stock
  URL https://stock.adobe.com/jp
- イラストAC
  URL https://www.ac-illust.com/
- 写真AC
  URL https://www.photo-ac.com/
- シルエットAC
  URL https://www.silhouette-ac.com/

あとがき

お疲れさまでした！　ゲームUIデザインの冒険はいかがでしたか？

本書は「ワークフロー」を中心に解説してまいりましたが、「人間工学」や「デザインテクニック」「実装ノウハウ」など、UIの分野はまだまだ触れておくべき分野がたくさんあります。今後もし機会があれば、そちらについても情報を発信していければと思っています。

ゲームのUIは、一人では作れません。

仮にUIセクションのメンバーが一人だけだったとしても、「自分が遊びたいゲームを、自分一人で作り、自分だけがプレイする」のでなければ、そこには必ず**人とのかかわり**が存在します。
チームメンバーはもちろん、ステークホルダーや、ひいてはお客様すらも、UIデザインにとっては「みんなで作っていく仲間」なのです。
ですから、本書では繰り返し**コミュニケーションの大切さ**について説明しています。

皆さまはUIデザインにかかわっていて、日々押し寄せるたくさんの意見（もしくはその逆、“無関心”）に心が折れそうになったことはありませんか？
筆者の身のまわりで日夜UIデザインに明け暮れている方々は、UIデザイナーという仕事に対して「誇り」と「孤独」を感じている人が多いです。

- **「もっとUIをよくしたいのに、人が足りない」**
- **「やっと部下ができたけど、何から教えたらいいのかわからない」**
- **「ユーザーのプレイ体験に貢献しているはずなのに、評価されない」**

……といった悩みを毎日のように聞きます。
それは、「まえがき」で触れたカンファレンスにて知り合った方々も同じでした。

本書は「入門書」の立ち位置ではありますが、そういったUI経験者の皆さまに届けたい・心の支えにしてもらいたい、という想いから筆を執りました。

筆者はすでにUIデザイナーから新たなステップへ踏み出しているところですが、ユーザーに向き合いたいという気持ちは、より一層強くなっています。

そして、誰よりも近いポジションでユーザーに寄り添える「UIデザイン」という分野からゲーム業界にかかわれたことに誇りをもっています。

本書を通して、UIデザインにかかわる皆さまの役に立ちたい。そしてたくさんの「仲間」を増やしたい。そうすることで、世の中に生み出されるエンターテインメント、つまり娯楽の質が向上し、人々の暮らしがさらに豊かになる。

そのような未来に少しでも寄与できていれば、こんなにうれしいことはありません。

これからも「仲間」そして「お客様」と一緒に
ベストなUIを探求し続けましょう！

2022年5月吉日
太田垣 沙也子

最後に、筆者のTwitterアカウントを記載しておきます。UX/UIやツールに関するこぼれ話、筆者の近況などをツイートしています。お気軽にフォローいただければ幸いです。

スペシャルサンクス

最後に、本書を執筆するにあたってご協力いただいた方々に、この場を借りてお礼を伝えさせてください。

大切な家族はもちろん、
バンダイナムコオンラインおよび協力会社の関係者各位、
友人のみんな、
SNSであたたかいコメントをくださった皆さま方……、
そんなたくさんの「人」に支えられて、この本はできています。

特に、出版に際して最初のキッカケをくださった角間さん、親身に話を聞き出版化への道を繋いでくださったTIDYの塚越さん、素敵なイラストを作成していただいたオフィスシバチャンの皆さま。装丁デザイナー・組版会社の皆さま方。そして編集の深田さんと、翔泳社の宮腰さんには、足を向けて寝られません。本業の合間を縫っての遅筆に根気よくお付き合いいただき、本当にありがとうございました！

今後とも何卒よろしくお願いいたします。

INDEX 索引

数字・アルファベット

あ

か

さ

た

著者プロフィール

太田垣 沙也子（おおたがき・さやこ）

株式会社バンダイナムコオンライン プロデューサー

ゲームデベロッパーでの受託開発経験を経て、2015年にバンダイナムコオンラインへ。
IPタイトルを中心としたコンシューマー・スマートフォン・アーケード・PC向けゲームのUIデザインおよびリードビジュアルを担当し、現在はプロデューサーとして新規開発プロジェクトに従事。
また、個人でもビジュアルデザイナーとしてクリエイター活動を展開している。

装丁・本文デザイン　宮下 裕一（imagecabinet）
本文イラスト　オフィスシバチャン
編集　深田 修一郎
DTP　株式会社シンクス
校正協力　佐藤 弘文

実践ゲームUI（ユーアイ）デザイン
コンセプト策定から実装のコツまで

2022年6月22日　初版第1刷発行

著　者　太田垣 沙也子（おおたがき・さやこ）
発行人　佐々木 幹夫
発行所　株式会社翔泳社（https://www.shoeisha.co.jp）
印刷・製本　株式会社広済堂ネクスト

ISBN978-4-7981-7182-1
Printed in Japan